「Armマイコン」プログラム で学ぶ デジタル信号処理

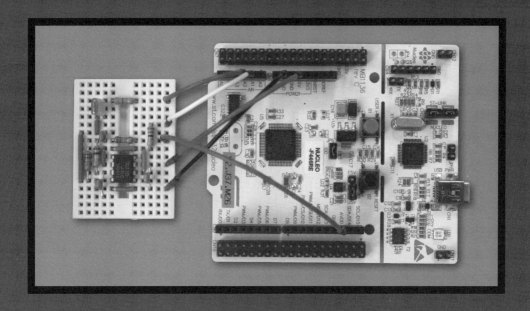

はじめに

　「デジタル信号処理」は、現在の電子情報産業のベースとなる重要な技術の1つですが、ビギナーにとってはハードルの高い分野ではないかと思います。

　しかし、現在では高性能の「Armマイコン」が搭載されている「マイコン・ボード」が非常に安価に入手できるようになり、リアルタイムで動く「デジタル・フィルタ」などのプログラムも簡単に作れるようになりました。

　「デジタル信号処理」では難しそうな式も出てきますが、実際にそのプログラムを作り、処理結果を音響信号として耳で聴いたり、「オシロスコープ」で波形を見たりという体験を通して学べば、難しそうな式も容易に理解できるようになります。

　そこで本書では、対象となる信号を音響信号であると想定して、「デジタル・フィルタ」やそれを応用する「デジタル信号処理」のプログラムの作り方を詳しく解説していきます。

＊

　プログラムの開発には、開発環境をパソコンにインストールすることなく使えるクラウドベースの「統合開発環境」である「Mbed」を使います。

　この「Mbed」は、ネットで登録するだけで誰でも無料で使うことができます。

　本書で使う「マイコン・ボード」に搭載されているのは、「Arm Cortex-M4F」ベースの「マイコンSTM32F446」で、プログラム言語は「C++」を使います。

　本書で作る「デジタル信号処理」のプログラムを使えば、リアルタイムで信号処理ができるので、アナログ回路による音響信号処理システムと同じ感覚で音響信号を入力して、その出力を音として耳で聴いて、その効果を確かめることができます。

＊

　そのほかに、本書のために準備した、「マイコン・ボード」とパソコンを組み合わせて作る、「オシロスコープ」「ファンクション・ジェネレータ」「スペクトル解析器」のプログラムとその使い方を、**付録PDF**として提供します。

　これにより、高価な電子計測器などが身近になくても、信号の波形やそのスペクトルなどを観測でき、「デジタル信号処理」で何ができるのかということを、より深く理解できるものと思います。

　さらに、いろいろな特性の「デジタル・フィルタ」を作る場合に必要となる、フィルタの係数を設計するツールのプログラムとその使い方を、**付録**※として提供します。

　　※これらの付録は、工学社のホームページから、ダウンロードできます。

三上直樹

「Armマイコン」プログラム で学ぶ デジタル信号処理

CONTENTS

本書サンプルのダウンロード

本書のサンプルや付録PDFは、下記からダウンロードできます。

＜工学社ホームページ＞

http://www.kohgakusha.co.jp/support.html

ダウンロードしたファイルを解凍するには、下記のパスワードを入力してください。

TG74baq9

すべて「半角」で、「大文字」「小文字」を間違えないように入力してください。

ダウンロードファイルの内容

■プログラム

①「Mbed」以下のフォルダには、ソース・プログラム（.cpp, .hpp）とコンパイル済みのファイル（.bin）が入っています。

この中には、**第2〜10章**で説明しているプログラムとその中で使われているライブラリ、および「付録B」で使うプログラムが含まれます。

②「C#」で作成した「PC」用のプログラムで、プロジェクトの一式が含まれ、実行可能ファイル（.exe）も入っています。

「付録B」「付録C」に対応するプログラムです。

■付録PDF

付録A　共通に使う「クラス・ライブラリ」
付録B　プログラムの動作を確認するためのツール
付録C　「ディジタル・フィルタ」の「係数」設計用ツール
付録D　「ドライバ」の「インストール」と「ファームウェア」の更新

第1部

基礎編

第1章

「マイコン」による「デジタル信号処理」プログラミングの第一歩

「デジタル信号処理」は、あまり表には見えませんが、「電子」「情報」「通信」の分野では、今日の情報化社会を支える、欠くことのできない重要な技術であり、広い範囲で基盤技術として使われています。

身近なところでは、「スマホ」での音声伝送方式を実現するために「デジタル信号処理」が使われています。

具体的には、「音声」を情報圧縮して送信し、受信した信号から元のアナログの音声信号を回復する、という処理が行なわれています。

その際に使われるのが、「デジタル・フィルタ」や「FFT」（高速フーリエ変換）といった「デジタル信号処理」技術です。

そのほかに、「地上デジタルテレビ放送」「モータの制御」「センサのデータ処理」など、数えきれない分野を支えている基盤技術の1つが、「デジタル信号処理」です。

1.1 本書で使う「マイコン・ボード」

「デジタル信号処理」の対象となる信号にはいろいろありますが、たとえば「音響信号」のように、リアルタイムで処理しなければ意味のない信号もたくさんあります。

「デジタル信号処理」をリアルタイムで行なうには、従来は、高価でそれ専用の、「DSP」（digital signal processor）と呼ばれる高速の「プロセッサ」が必要でした。

しかし、現在では「固定小数点演算」はもちろん、「浮動小数点演算」であっても充分に実行スピードの速い「マイコン」が使えるので、安価に、しかも手軽に、「デジタル信号処理」を体験できます。

また、「デジタル信号処理」のプログラムを作ろうとする場合、「固定小数点演算」でもプログラムは作れるのですが、これにはある程度の経験が必要なので、今回は、ビギナーでも簡単にプログラムが作れる、「浮動小数点演算」でプログラムを作ります。

そのため、「マイコン」は何でもいいわけではなく、それなりに性能の高いものが必要になるので、今回は、**表1**に示す「マイコン」が搭載された、「マイコン・ボード」を使います。

表1 本書で使う「マイコン・ボード」に搭載の「STM32F446RE」の主なスペック
―「デジタル信号処理」のプログラムを作る場合に関連するもの ―

CPUコア	Arm Cortex-M4F
クロック	180 MHz（最大）
FPU (Floating Point Unit)	「C/C++ 言語」の、「float 型」の浮動小数点数演算に対応するFPU内蔵
「float 型」の浮動小数点演算の実行に必要なマシンサイクル数	加算/減算/乗算/絶対値/整数との変換：1 除算/平方根：14
フラッシュ・メモリ	512 KByte 内蔵
SRAM	128 KByte 内蔵（他にバックアップ用4KByte）
ARTアクセラレータ	「フラッシュ・メモリ」のアクセスを実質的にノーウェイトで行なうための仕組み（ARTアクセラレータ）を内蔵
AD変換器	12 bit のAD変換器3個内蔵．最大で2.4 MSPS（M samples/s）．ただしクロックが180 MHzの場合は1.5 MSPS が最大
DA変換器	12 bit で2チャンネルのDA変換器1個内蔵

　一般に、「マイコン」のクロックが速くなると、プログラムを書き込む内蔵の「フラッシュ・メモリ」を、「ノーウェイト」で読み込むことができなくなり、何も工夫をしなければ、クロック周波数が高くても、それに見合った実行スピードは得られません。

　しかし、今回使う「STM32F446」は、実質的に「ノーウェイト」で「フラッシュ・メモリ」の読み込みができる「ART (adaptive real-time) アクセラレータ」という機能を備えているため、高いクロック周波数に見合った実行スピードを得ることができます。

　さらに、この「マイコン」は「FPU」（浮動小数点演算ユニット）を備えているので、通常は、浮動小数点演算でプログラムを作っても、実行スピードが固定小数点演算で作ったプログラムよりも遅くなるということはありません。

＊

　今回使う「マイコン・ボード」は、表1の「マイコン」が搭載された「Nucleo-F446RE」[1]で、以前に拙著[2]で使ったのと同じものです。
　これを選んだ理由は、「コストパフォーマンスが高い」ということもありますが、それよりも「Mbed」でプログラムを開発できる、というのが大きな理由です。

　この「マイコン・ボード」を使えば、簡単な外付け回路を組み合わせることで、いろいろな、リアルタイムで動作する「デジタル信号処理」を試してみることができます。

1　「秋月電子通商（http://akizukidenshi.com/）」で、本書執筆の時点では¥1,980で入手できます。
2　三上直樹：「Mbedを使った電子工作プログラミング」、工学社、2020年。

写真1には、「マイコン・ボード」の「Nucleo-F446RE」と、「ブレッド・ボード」の上に組み立てた簡単な外付け回路を接続した様子を示しています。

コラム　デジタル／アナログ

「デジタル信号処理」という用語は、区切る箇所を「デジタル｜信号処理」とするか「デジタル信号｜処理」とするかで意味が違ってきます。

本書ではもちろん、「デジタル｜信号処理」、つまり信号処理をデジタル的に行なうという意味で使うので、対象となる信号は主として「アナログ信号」になります。

*

なお、たとえば、ダウンロードした音楽データは、「デジタル」のデータですが、このデータに対して「トーン・コントロール」などの信号処理を行ない、これをアナログの音響信号として再生する場合、狭い意味では「デジタル信号」が処理の対象であり、「アナログ信号」が処理の対象のようには見えません。

しかし、音楽データの元はアナログの音響信号なので、そこまで含めて広く考えれば、この場合の「デジタル信号処理」は「アナログ信号」を処理していると言っても差し支えはないでしょう。

1.2　本書で使うプログラム開発環境

「マイコン」のプログラムを作る際には、「プログラム開発環境」が必要になります。

この「プログラム開発環境」にはいろいろありますが、個人のレベルで使う場合は、フリーのものを使うことになるかと思います。

中でも簡単に始めやすいのは、使っている「パソコン」に「プログラム開発環境」をインストールする必要のない、「クラウド・ベース」のものではないかと思います。

本書で使う「Mbed」は「クラウド・ベース」の「プログラム開発環境」で、図1に示すように、「インターネット」に接続されている「パソコン」があれば、それだけですぐに始められるので、自分で使っている「パソコン」に、特に「プログラム開発環境」をインストールする必要はありません。

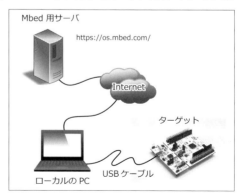

図1　「クラウド・ベース」の「Armマイコン」開発環境である「Mbed」

この「Mbed」は、「Google Chrome」のようなブラウザの上で動く仕様になっています。また、開発した実行可能なプログラムを「マイコン・ボード」に書き込む際にも、本

書で利用する「Nucleo-F446RE」のような、「Mbed」に対応している「マイコン・ボード」使えば、「プログラム書込み器」も不要で、必要なものとしては「パソコン」と「マイコン・ボード」を接続する「USBケーブル」だけです。

※なお、「Nucleo-F446RE」で、「printf()」などを「パソコン」の、「Tera Term」のような「ターミナル・ソフト」で利用する場合は、そのための「ドライバ」を「パソコン」にインストールしておく必要がありますが、その方法については**付録D（PDF）**を参照してください。

1.3 「マイコン」による「デジタル信号処理」システム

本書で使う、「マイコン」を使った「デジタル信号処理」システムを**写真1**に示します。

写真1 「マイコン」で「デジタル信号処理」をするための「マイコン・ボード」と外付け回路の写真

アナログ信号の入出力のためには、ハンダ付けなしでビギナーでも簡単に作れるように、**写真1**に示すような「ブレッド・ボード」の上に組み立てた外付け回路を使います。

＊

「デジタル信号処理」システム全体の構成は、**図2**のようになります。

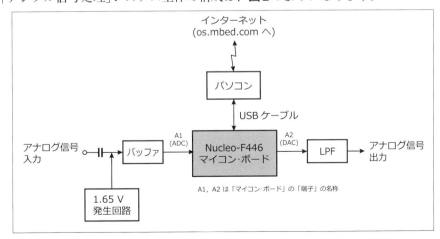

図2 「マイコン」で「デジタル信号処理」をするためのハードウェアの構成

この中の外付け回路の回路図を**図3**に示しますが、簡単に作れるよう、機能は必要最小限にしているため、部品は非常に少なくなっています。

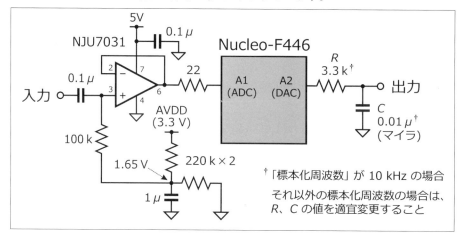

図3 アナログ信号入出力用の外付け回路

「ブレッド・ボード」上に組み立てたこの回路の実体図を**図4**に示します。

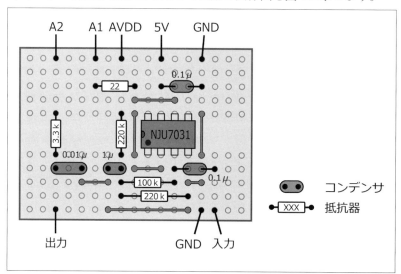

図4 アナログ信号入出力用の外付け回路の実体図（ブレッド・ボード：「BB-601」秋月電子）

「バッファ」として使っている「OPアンプ」は、単電源の3V以上で使え、入出力が「レール・ツー・レール」(rail-to-rail)で、「スルーレート」(slew rate)が1V/μs程度以上のものであれば、何でもかまいません。

図3で使っている「NJU7031」は、出力は「レール・ツー・レール」で、問題はありません。

一方、入力に許容される電圧の範囲が、低いほうは0Vまで問題はありませんが、高いほうが電源電圧よりも1Vほど低くなっています。

そのため、「NJU7031」の電源電圧を、「マイコン」に供給している3.3Vではなく、

「マイコン・ボード」から供給される5Vにしています。

　この「NJU7031」は、原稿執筆の時点で「秋月電子通商」から入手できるものの中で「DIP (dual-in-line) パッケージ」のもの、ということで選んだものですが、入力の許容範囲も「レール・ツー・レール」の「OPアンプ」であれば、電源電圧を「3.3V」にすることができます。

　筆者は、入力の許容範囲も、「レール・ツー・レール」の「OPA350」「OPA2340」[3]を、電源電圧3.3Vにして使い、問題なく使えることを確認しています。

＊

　ところで、「STM32F446」に内蔵する「AD変換器」の入力範囲は、「0 ～ 電源電圧(3.3V)」になっているので、そのままでは「交流信号」を入力できません。

　そこで、**図3**の回路図に示すように、220kΩの抵抗器を2つ直列にし、「1.65V」を作って、これを「バッファ」として使っている「OPアンプ」に与え、「無信号時」に「AD変換器」の入力端子には1.65Vの電圧が掛かるようにしています。

　また、「バッファ」の入力に「0.1μF」のコンデンサを入れ、「交流結合」の状態にしています。

＊

　「DA変換器」からの出力には3.3kΩの「抵抗器」と0.01μFの「コンデンサ」が接続されていますが、この回路は簡単な「ローパス・フィルタ」で、「DA変換器」から出力される階段的に変化する信号を滑らかにするために付けています。

　この「抵抗器」と「コンデンサ」の値で決まる「遮断周波数」は約4.8kHzですが、この値は、「AD変換器」から入力する際の標本化周波数が10kHzの場合です。

　この「遮断周波数 f_c」は、**式(1)** を使って計算できるので、「遮断周波数」を4.8kHz以外にしたい場合は、この式を使って、必要な「抵抗器」の抵抗値「R」(単位：Ω)および「コンデンサ」の容量「C」(単位：F)の値を決めます。

$$f_C = \frac{1}{2\pi CR} \ [\text{Hz}] \hspace{5cm} (1)$$

3　この2つの「OPアンプ」も「DIPパッケージ」の製品がありますが、原稿執筆の時点で「秋月電子通商」では扱っていません。

1.4 「デジタル信号処理」プログラムの実行を確認するツール

本書で作るプログラムは、主として「オーディオ帯域[4]」の信号を想定しています。

「デジタル信号処理」で処理した結果がどのようになっているのかを確認するには、たとえば、入力として「オーディオ信号」を使い、「デジタル信号処理」した結果を音として聴いてみるという方法で確認できます。

　しかし、処理結果をもう少し詳しく調べたい場合には、「ファンクション・ジェネレータ」「オシロスコープ」「スペクトル解析器」などの「電子計測器」が必要になります。

　このような「電子計測器」は、かつてよりもかなり安価にはなったとは言っても、個人レベルで準備するのは大変だと思います。

　そこで、本書を執筆する際に、「マイコン・ボード」の「Nucleo-F446RE」と「パソコン」を組み合わせた「電子計測器」として、「ファンクション・ジェネレータ」「オシロスコープ」「スペクトル解析器」を作りました。

> ※これらについては**付録B（PDF）**で簡単に説明しているので、それを参照してください。

　図5には、「適応フィルタ」の一種である「適応線スペクトル強調器」のプログラムを動かした場合の、入出力の波形を、「マイコン・ボード」と「パソコン」で作った「オシロスコープ」に表示している様子を示します。

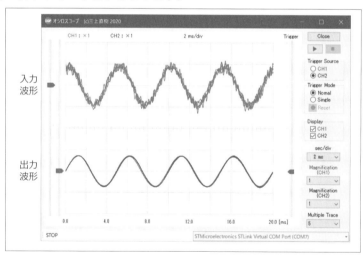

図5　「マイコン・ボード」と「パソコン」で作った自作の「オシロスコープ」に「適応線スペクトル強調器」の入出力信号を表示している様子

　この図では、「ノイズ」の様子が分かりやすいように、「波形」を多重に表示するモードで使っています。

　出力信号を見ると、入力信号と比べて「ノイズ」が抑えられている様子が確認できます。

4　「可聴周波数帯域」

　このとき、入力信号として使っている、ノイズが加わった「正弦波」は、「マイコン・ボード」と「パソコン」で作った「ファンクション・ジェネレータ」で、**図6**には、この「ファンクション・ジェネレータ」のパソコンの操作画面を示します。

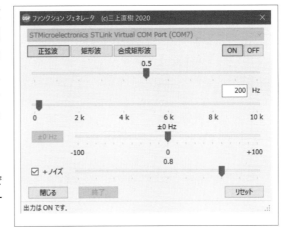

図6　「マイコン・ボード」と「パソコン」で作った自作の「ファンクション・ジェネレータ」の操作画面の様子

　図7には、「マイコン・ボード」と「パソコン」で作った「スペクトル解析器」を使い、作成した「デジタル・フィルタ」の「周波数特性」を調べている様子を示します。

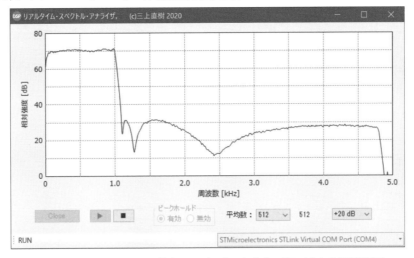

図7　「マイコン・ボード」と「パソコン」で作った自作の「スペクトル解析器」で「デジタル・フィルタ」の「周波数特性」を調べている様子

　本書で扱うプログラムのソース・リストや実行可能ファイルは、工学社のサイトからダウンロードできます。

http://www.kohgakusha.co.jp/support.html

　また、「マイコン」のプログラムやライブラリの一部は、「Mbed」にも登録していますので、そこからインポートして使うこともできます。

　筆者が「Mbed」に登録しているプログラムやライブラリをインポートする際には、検索のキーワードとして「呂」(漢字です)を使って検索すると、見つかります。

第2章 「アナログ信号」の入出力

　「デジタル信号処理」のプログラムを作る際に基本になるのが、「アナログ信号」の「入力」と「出力」です。

　そこで、この章では、(a)アナログ信号の入出力で必要になる基礎知識と、(b)後で作る「デジタル・フィルタ」などのプログラムの骨組みになるプログラム、つまりアナログ信号を「AD変換器」から入力し、それをそのまま「DA変換器」から出力するプログラムについて解説します。

　なお、この章では「AD変換器」、「DA変換器」を扱うためのプログラムは、筆者が以前に作成した「クラス・ライブラリ」を使っていますが、そのライブラリの説明は、付録A（PDF）で行ないます。

2.1　「マイコン」による「アナログ信号」の入出力

　「デジタル信号処理」を行なうシステムにはさまざまなものがありますが、その典型的なシステムを**図1**に示します。

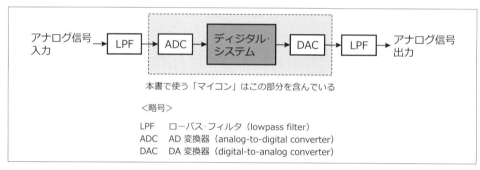

本書で使う「マイコン」はこの部分を含んでいる

<略号>

LPF　　ローパス·フィルタ（lowpass filter）
ADC　　AD 変換器（analog-to-digital converter）
DAC　　DA 変換器（digital-to-analog converter）

図1　「アナログ信号」を入力して「アナログ信号」を出力する、典型的な「デジタル信号処理システム」の構成

　「AD変換器」の前の「ローパス・フィルタ」(LPF)は、後で説明する「標本化定理」と関係するものです。

　「DA変換器」の後の「ローパス・フィルタ」は、そのままでは「階段的」の波形なので、それを滑らかにするためのものです。

＊

　図1で、「デジタル・システム」の部分が処理の中心になります。

　リアルタイムで「デジタル信号処理」を実行しようとすると、非常に高速の処理が要求されるため、かつてはこの部分に「デジタル信号処理」専用の、「DSP」という、高価で特別な「プロセッサ」が使われていました。

　しかし、現在では、汎用の「マイコン」でも、かなり高速になってきたので、ある程

度の処理までは、「マイコン」でも「デジタル信号処理」をリアルタイムで、充分にこなせるようになりました。

　また、「マイコン」の良いところは、「AD変換器」、「DA変換器」も内蔵しているものが多いため、「デジタル信号処理」用の「ハードウェア」も、少ない外付け回路で手軽に構成できることです。

　なお、本書で使う「STM32F446」にも、「AD変換器」「DA変換器」が内蔵されています。

2.2　「アナログ信号」の入力と「標本化定理」

　「AD変換器」でアナログ信号を読み込み、「デジタル信号処理」を行なう際に重要な点は、読み込みを行なう時間間隔です。

　アナログ信号を、ある間隔で読み込むことを「標本化」と呼びますが、その時間間隔を「**標本化間隔**」または「**サンプリング (sampling) 間隔**」と呼び、その逆数を「**標本化周波数**」または「**サンプリング周波数**」と呼びます。

　見方を変えれば、「標本化周波数」とは、「1秒間に読み込むデータ数」と考えることもできます。

■2.2.1　標本化定理

　「標本化 (サンプリング) 定理」は、アナログ信号を読み込む際の「標本化周波数」を決めるための基準となる数値を与える定理です。
＊

　「標本化定理」によれば、アナログ信号に含まれる周波数成分の上限の周波数が「f_H」であるとき、「標本化周波数 F_S」は、次の条件を満足しなければなりません。

$$F_S \geq 2f_H \tag{1}$$

　この条件を満足すれば、「標本化」された信号を、元の信号に戻すことが可能になります。
　そのため、逆に「標本化周波数 F_S」が決まれば、扱える周波数の上限は、**式(1)** で決まる「f_H」ということになります。

■2.2.2　「標本化定理」と「エイリアシング」

　式(1) で決まる「f_H」よりも高い周波数のアナログ信号を標本化した場合、「**エイリアシング**」(aliasing) と呼ばれる現象が生じるので、注意する必要があります。

　具体的に「エイリアシング」の様子を見るため、**図2**には、「標本化周波数10 kHz」で「標本化」した、「2 kHz」と「8 kHz」の「正弦波」の様子を示します。

このように、元のアナログ信号の周波数は違っていても、「標本化」された信号は、どちらも同じ信号になりますが、これが「エイリアシング」という現象です。

そのため、特別な場合を除いて、通常はこの「エイリアシング」を生じないように、**式**(1) の条件を満足しなければなりません[5]。

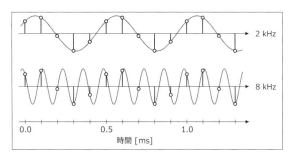

図2　「標本化周波数」10 kHzで「標本化」した2 kHzと8 kHzの「正弦波」の様子

アナログ信号の周波数成分の上限の周波数が不明な場合、通常は、**図1**に示すように、「AD変換器」の前に「ローパス・フィルタ」(LPF)を設け、**式**(1) の条件を満足するようにします。

■ 2.2.3 「標本化周波数」の決め方

実際の「デジタル信号処理システム」の「標本化周波数」を設定するという問題は、**式**(1) で解決、といきたいところですが、単純にそうはなりません。

その理由は、実際に実現できる「ローパス・フィルタ」は、理想的なものではないからです。

図3に、(a)「理想的ローパス・フィルタ」と、(b)そうではない場合の「ローパス・フィルタ」の周波数特性と、それぞれの場合の「標本化周波数」の決め方を示します。

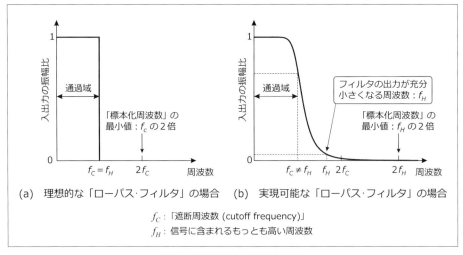

図3　「標本化周波数」の決め方

5　ある条件を満たせば、**式**(1) の「f_H」よりも高い周波数の成分が含まれていても、元の信号を回復できるので、これを積極的に利用して、「F_s」を「$2f_H$」より低く設定する場合もあります。

(a) の「理想的ローパス・フィルタ」では、その「遮断周波数f_C」よりも高い周波数の成分は、完全に阻止されるので、「理想的ローパス・フィルタ」の出力には、「f_C」よりも高い周波数の成分はまったく含まれません。

そのため、「標本化周波数」は最低でも「f_C」の2倍に設定すれば大丈夫です。

*

一方、(b) の実際に実現できる「ローパス・フィルタ」の場合は、「遮断周波数f_C」よりも高い周波数の成分も多少は含まれています。

このような場合は、高い周波数成分を「充分に減衰できる周波数f_H」の、最低でも2倍に設定する必要があります。

> ※なお、「充分に減衰できる周波数」ですが、これは「デジタル信号処理システム」の用途により異なり、たとえば「入出力の振幅比」が「1/100」でも充分な場合もあれば、「1/10,000」必要な場合もあります。

この「f_H」は、「実現可能なローパス・フィルタ」の「遮断周波数f_C」よりも高くなるので、一般的には「標本化周波数」が決まれば、扱える周波数の上限を、「標本化周波数」の1/2よりも低くします。

たとえば、「CD」(コンパクト・ディスク)の「標本化周波数」は「44.1 kHz」ですが、規格では、扱える周波数の上限は、その半分の「22.05 kHz」よりも低い、「20 kHz」になっています。

2.3 「アナログ信号」を「標本化」してそのまま出力するプログラム

「アナログ信号」を「AD変換器」を使って「標本化」し、それをそのまま「DA変換器」から出力するプログラムを作ります。

ここでは、次の2つの方法でプログラムを作ります。
①「ポーリング」方式
②「割り込み」方式

> ※なお、以下のプログラムでは、「AD変換器」、「DA変換器」を使う部分は、「Mbed」に登録している自作の「クラス・ライブラリ」を使いますが、その説明は**「付録A」(PDF)**で行ないます。

■ 2.3.1 「ポーリング」方式のプログラム

「ポーリング(polling)」方式では、「AD変換」が終了したかどうかを、「AD変換器」の「ステータス・レジスタ」で確認し、終了していれば「AD変換器」のデータを読み込む方式です。

最初に、図4を使ってプログラムの構成について簡単に説明します。

*

この図に示す「IODSP_ADDA_Polling」というフォルダに、関連するファイルやフォルダが入っています。

フォルダの中で、「mbed」は「Mbed」の「オフィシャル・ライブラリ」、「DSP_ADDA」は「AD変換器」と「DA変換器」用の自作の「ライブラリ」で、いずれも「Mbed」のサイトからも「インポート」できます。

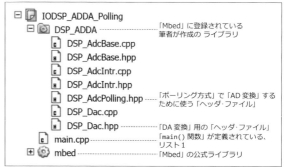

図4　プログラム「IODSP_ADDA_Polling」のファイル構成。「ポーリング」方式で、「AD変換器」から入力した信号を、そのまま「DA変換器」から出力する

※「DSP_ADDA」に含まれるプログラムの内容は、付録A（PDF）で説明します。

「main.cpp」には、「main()関数」が書かれたファイルで、**リスト1**の内容が記述されています。

リスト1　IODSP_ADDA_Polling¥main.cpp
「ポーリング」方式で「AD変換器」から入力した信号を、そのまま「DA変換器」から出力する

```
 8: #include "DSP_AdcPolling.hpp"      ← 「ÐspAdcPollingクラス」が定義されている
 9: #include "DSP_Ðac.hpp"            ← 「ÐspAdcクラス」が定義されている
10: #pragma diag_suppress 870     // マルチバイト文字使用の警告抑制のため
11:
12: using namespace Mikami;    ← 「Mikami」という「名前空間」に置かれている
13:                               「ÐspAdcPollingクラス」と「ÐspÐacクラス」を
14: const int FS_ = 10;         アクセスできるようにするための「using文」
                               // 入力の標本化周波数： 10 kHz
15:
16: int main()
17: {
18:     ÐspAdcPolling myAdc(FS_, A1);   // AÐ 変換器
19:     ÐspÐac myÐac;                   // ÐA 変換器, A2 に出力
20:
21:     printf("\r\nポーリング方式で AÐ 変換器から入力した信号を"
22:            "そのまま ÐA 変換器から出力します\r\n");
23:
24:     while (true)       ← 「ÐspAdcPollingクラス」の「コンストラクタ」で指定した
25:     {                    「標本化周波数」で、AÐ 変換された値を入力する「メンバ関数」
26:         float xn = myAdc.Read();    // 入力
27:         myÐac.Write(xn);            // 出力
28:     }
29: }
```

[リスト解説]

　「インクルード・ファイル」の「DSP_AdcPolling.hpp」は、「ポーリング」方式で「AD変換器」を使うための「DspAdcPollingクラス」の「ヘッダ・ファイル」で、「インクルード・ファイル」の「DSP_Dac.hpp」は「DA変換器」を使うための「DspDacクラス」の「ヘッダ・ファイル」です。

　12行目の「using文」は、「DspAdcPollingクラス」と「DspDacクラス」が「Mikami」[6]という「名前空間」で定義しているので、それに対応するものです。

　18行目では、「DspAdcPollingクラス」の「オブジェクト」「myAdc」を宣言しており、ここで、「標本化周波数」を10 kHz、入力端子を「マイコン・ボード」の「A1」に指定しています。

　19行目で「DspDacクラス」の「オブジェクト」「myDac」を宣言していますが、「DA変換器」からの出力で使う端子は、「DspDacクラス」の中で、デフォルトで「マイコン・ボード」の「A2」を使うように、設定しているので、特に引数を指定する必要はありません。

　26行目の「myAdc.Read()」では「AD変換器」のデータを読み込み、**27行目**の「myAdc.Write(xn)」では、そのデータを「DA変換器」に出力しています。

　「myAdc.Read()」で読み込まれる値は、「-1.0～1.0」の範囲の値で、「float型」に変換された値です。

　このプログラムを実行しているときの、「AD変換器」の入力信号（1 kHzの「正弦波」）と、「DA変換器」の出力信号の様子を、**図5**に示します。

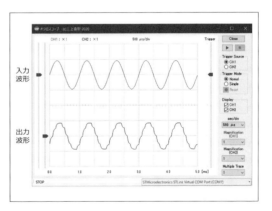

図5　入力信号と「DA変換器」の出力信号の様子。リスト1のプログラムを使い、1kHzの「正弦波」を「AD変換器」に入力したとき

　なお、図5は「パソコン」に表示される自作の「オシロスコープ」の画面で、このとき使っている正弦波も自作の「ファンクション・ジェネレータ」を使っています[7]。

6　筆者の作ったライブラリで「Mbed」に登録しているものは、基本的に、「Mikami」という「名前空間」で定義しています。
7　自作の「オシロスコープ」と「ファンクション・ジェネレータ」については**付録B（PDF）**で説明しています。

■ 2.3.2 「割り込み」方式のプログラム

「割り込み」方式では、「AD変換」が終了した場合に、「割り込み」を発生し、そのタイミングで、あらかじめ設定しておいた処理（この処理が記述されている関数は、「割り込みハンドラ」または「割り込みサービス・ルーチン」と呼ばれる）の中で「AD変換器」のデータを読み込む方式です。

このプログラムのファイル構成は、**図4**と同じになります。

リスト2にプログラムを示します。

リスト2　IODSP_ADDA_Intr¥main.cpp

「割り込み」方式で「AD変換器」から入力した信号を、そのまま「DA変換器」から出力する。

```
 8: #include "DSP_AdcIntr.hpp"     ← 「DspAdcIntrクラス」が定義されている
 9: #include "DSP_Dac.hpp"         ← 「DspAdcクラス」が定義されている
10: #pragma diag_suppress 870    // マルチバイト文字使用の警告抑制のため
11:
12: using namespace Mikami;       ← 「Mikami」という「名前空間」に置かれている
13:                                  「DspAdcIntrクラス」と「DspDacクラス」を
14: const int FS_ = 10;            // 入力の標本化周波数: 10 kHz
                                     アクセスできるようにするための「using文」
15: DspAdcIntr myAdc_(FS_, A1);    // AD 変換器
16: DspDac myDac_;                 // DA 変換器，A2 に出力
17:
18: // AD 変換終了割り込みで呼び出される割り込みハンドラ
19: void AdcIsr()
20: {
21:     float xn = myAdc_.Read();
22:     myDac_.Write(xn);
23: }
24:                                「AD 変換終了割り込み」が発生した場合に
25: int main()                     この「割り込みハンドラ」を呼び出す
26: {
27:     printf("\r\n割り込み方式で AD 変換器から入力した信号を"
28:            "そのまま DA 変換器から出力します\r\n");
29:
30:     myAdc_.SetIntrVec(&AdcIsr); // AD 変換終了割り込みで呼び出す割り込みハンドラの割り当て
31:     while (true) {}
32: }                   「AD 変換終了割り込み」発生時に呼び出され
                        る「割り込みハンドラ」を割り当てるための
                        「DspAdcIntrクラス」の「メンバ関数」
```

[リスト解説]

「インクルード・ファイル」「DSP_AdcIntr.hpp」は「割り込み」方式で「AD変換器」を使うための「DspAdcIntr クラス」の「ヘッダ・ファイル」です。

「DspAdcIntr クラス」の「オブジェクト」「myAdc_」は**15行目**で宣言しており、ここで、「標本化周波数」を10 kHz、入力端子を、「マイコン・ボード」の「A1」に指定しています。

「AD変換」終了時に発生する「割り込み」で呼ばれる「割り込みハンドラ」の「AdcIsr」は**19～23行目**に書いています。

「Armマイコン」では「割り込みハンドラ」の書き方は、通常の「関数」と同じで、特に

「割込みハンドラ」用の「キーワード」があるわけではありません。

　ただし、当然ながら「割り込みハンドラ」は「引数」をもつことはできず、その戻り値は「void」にします。

　「割り込みハンドラ」で行なっている処理は、「AD変換器」のデータを読み込み、そのデータをそのまま「DA変換器」に出力しているだけです。

　「main()関数」の中では、「AD変換」終了時に発生する「割り込み」で呼ばれる「割り込みハンドラ」である「AdcIsr()」の割当てを、**30行目**で行なっています。

　その後、「while文」による無限ループになり、「AD変換」が終了するたびに、「割り込みハンドラ」の「AdcIsr()」の処理が実行されます。

> ※このプログラムを実行したときの、出力信号の様子は、リスト1の場合の図5と同じになるので、省略します。

2.4 「アナログ信号」を「標本化」してそのまま出力するプログラムの問題点と解決法

■ 2.4.1 問題点

　リスト1または**リスト2**に示したプログラムには、共通の問題点があります。

　それは、入力信号の周波数が、「標本化定理」から決められる上限の周波数である「標本化周波数」の半分の周波数に近づいた場合、「DA変換器」から出力される波形は、入力の波形からは想像できないような波形になるという問題です。

　リスト1のプログラムは「標本化周波数」は「10 kHz」なので、上限の周波数は「5 kHz」ということになるため、入力信号である「正弦波」の周波数を「3.5 kHz」にしたときの例を**図6**に示します。

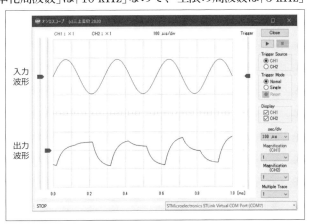

図6　リスト1のプログラムを使い、「標本化周波数10 kHz」で「標本化」した「3.5 kHzの正弦波」を「DA変換器」から出力したときの波形

　この図から分かるように、「DA変換器」から出力される波形は、入力の波形からは想像できないような波形になることが確認できます。

　リスト2のプログラムでも同じ結果になります。

　この原因は、**図1**の「DA変換器」の出力に接続されている「ローパス・フィルタ」の「周

波数特性」にあります。

「標本化定理」のところでは、**式(1)** の条件が満足される場合、「標本化」された信号を、元の信号に戻すことが可能になると説明していますが、実はこれは「DA変換器」の出力の「ローパス・フィルタ」が理想的な場合に限定されます。

つまり、この「ローパス・フィルタ」は、「標本化周波数」の1/2以上の周波数成分を、完全に阻止するものでなければ、元の信号に戻すことはできません。

このプログラムを動かしている「デジタル信号処理システム」では、**第1章の図2**に示すように、この「ローパス・フィルタ」は、抵抗器1個とコンデンサ1個からなる、非常に簡単な「ローパス・フィルタ」のため、その「周波数特性」は、「理想的ローパス・フィルタ」とは大きくかけ離れています。

＊

この問題を解決するための1つの方法は、「DA変換器」の出力の「ローパス・フィルタ」の「周波数特性」を、できるだけ「理想的ローパス・フィルタ」の「周波数特性」に近づけるという方法ですが、通常はそのような既製のフィルタはかなり高価[8]ですし、自作するのも困難です。

もう1つの方法は、「AD変換器」でアナログ信号を入力する際の「標本化周波数」に比べて、「DA変換器」からアナログ信号を出力する際の「標本化周波数」を高くする方法です。

これは「アップ・サンプリング」と呼ばれている方法で、その方法はすこし難しいので**第8章**で説明しますが、この方法を使うだけであれば、単に「ライブラリ」を使えばいいだけなので、そのための自作の「クラス・ライブラリ」も準備しました。

■ 2.4.2 「アップ・サンプリング」による解決法

ここでは、「アップ・サンプリング」を利用するプログラムを作り、この問題点が解決することを示します。

このプログラムの構成を、**図7**に示します。

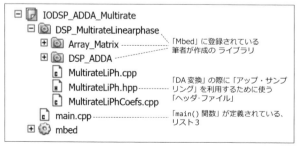

図7　プログラム「IODSP_ADDA_Multirate」のファイル構成

「AD変換器」から入力した信号を、「アップ・サンプリング」して「DA変換器」から出力する。

8　通常は、本書で使っている「マイコン・ボード」よりも高価です。

　この図に示す「IODSP_ADDA_Multirate」[9]と関連するファイルやフォルダが入っています。

　フォルダの中で、「DSP_MultirateLineraphase」は「アップ・サンプリング」を利用して「DA変換」する際に使う「ライブラリ」で、この中には、すでに2.3.1で出てきた「ライブラリ」である、「DSP_ADDA」も入っています。

　このフォルダには、「Array_Matrix」という「ライブラリ」も入っていますが、これは「配列」を扱うための「ライブラリ」です。

　この2つのライブラリ「DSP_MultirateLineraphase」と「Array_Matrix」は、**「付録A」**(PDF)で説明しますが、これらは「Mbed」に登録しているので、「インポート」して使うこともできます。

　「main.cpp」は、「`main()`関数」が書かれたファイルで、**リスト3**の内容が記述されています。

＊

　「アップ・サンプリング」を利用するプログラムを**リスト3**に示します。

リスト3　IODSP_ADDA_Multirate¥main.cpp

「AD変換器」から入力した信号を、「アップ・サンプリング」して「DA変換器」から出力する。

```
 8: #include "MultirateLiPh.hpp"          ←「MultirateLiPhクラス」が定義されている
 9: #pragma diag_suppress 870    // マルチバイト文字使用の警告抑制のため
10: using namespace Mikami;
11:
12: const int FS_ = 10;              // 入力の標本化周波数： 10 kHz
13: MultirateLiPh myAdÐa_(FS_);      // 出力標本化周波数を４倍にするオブジェクト
14:
15: void AdcIsr()
16: {
17:     float xn = myAdÐa_.Input(); // 入力
18:     myAdÐa_.Output(xn);          // 出力
19: }
20:
21: int main()
22: {
23:     printf("\r\nAÐ 変換器の入力をそのまま ÐA 変換器から出力する際に"
24:            "標本化周波数を４倍にします\r\n");
25:
26:     myAdÐa_.Start(&AdcIsr);      // 標本化を開始する
27:     while (true) {}
28: }
```

このクラスの中で、「AD変換器」から入力するための「メンバ関数 Input()」と、「DA変換器」から出力するための「メンバ関数 Output()」が定義されている

「割り込み」発生時に呼ばれる「割り込みハンドラ」の名前

9　「標本化周波数」を高くする「アップ・サンプリング」と、低くする「ダウン・サンプリング」は、まとめて「マルチレート処理」と呼ばれるので、フォルダの名前に「Multirate」という語を入れています。

　ライブラリ「**DSP_MultirateLineraphase**」は、「DA変換」する際に、「アップ・サンプリング」を利用して「DA変換器」から出力するために使うものですが、この処理は、「ポーリング」方式のプログラムを作りにくいので、「割り込み」方式で使うように作っています。

[リスト解説]

　インクルード・ファイル「MultirateLiPh.hpp」は「アップ・サンプリング」を利用して「DA変換」する際に使う、「MultirateLiPhクラス」の「ヘッダ・ファイル」で、この「MultirateLiPhクラス」は、「AD変換器」と「DA変換器」の双方を使うための機能をまとめた「クラス」になっています。

　このクラスは、「DA変換器」から出力する際の「標本化周波数」を、「AD変換」する際の「標本化周波数」の4倍にして、アナログ信号を出力します。

　13行目で「MultirateLiPhクラス」のオブジェクト「myAdDa_」を宣言しており、ここで、「標本化周波数」を10kHzに指定しています。

　15～19行目の関数「AdcIsr()」は、「割り込みハンドラ」で、「AD変換器」から読み込んだ値が使える状態になった場合に発生する「割り込み」で起動されます。
　ここで行なっている処理は、単に「AD変換器」から入力されたデータを、そのまま「DA変換器」から出力するだけのものです。

　「main()関数」の中では、**26行目**で「AD変換」を開始する指令を行ない、その中で「割り込み」発生時に呼ばれる「割り込みハンドラ」である「AdcIsr()」を割当てています。

*

　なお、**リスト3**全体を見ると、**リスト2**とほとんど変わっていないので、どこで「アップ・サンプリング」の処理が行なわれているのかが、分からないのではないかと思います。

　しかし、これはあえてそのようにしたわけで、「アップ・サンプリング」に関連する処理は、すべて「MultirateLiPhクラス」の中で行なっており、この「クラス」を使う場合は、特に「アップ・サンプリング」を意識しなくても使えるように作っています。

　第3章以降のプログラムも、基本的にはこの「MultirateLiPhクラス」を使っていきます。

■2.4.3 「アップ・サンプリング」を利用するプログラムの実行例

このプログラムを実行し、「3.5 kHzの正弦波」を「AD変換器」の入力しているときの様子を**図8**に示します。

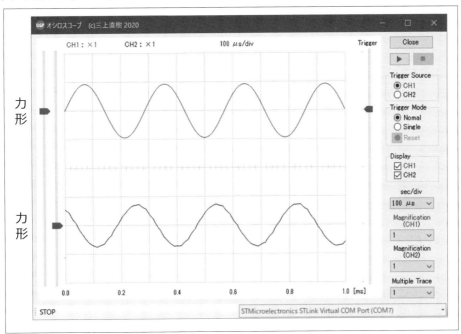

**図8　リスト3のプログラムを使い、「標本化周波数」10 kHzで「標本化」した
3.5 kHzの「正弦波」を「DA変換器」から出力したときの波形**

図6の、「DA変換」の際に「アップ・サンプリング」を行なっていないときと比較して、「アップ・サンプリング」の効果は一目瞭然でしょう。

＊

なお、「DA変換器」の出力波形をよく見ると、わずかに「でこぼこ」になっていますが、これは「アップ・サンプリング」のレートを、4倍ではなくもっと大きくすれば、この「でこぼこ」はいくらでも小さくできます。

しかし、「アップ・サンプリング」のレートをもっと上げた場合に、「MultirateLiPh クラス」の中で行なっている処理に時間がかかってしまうため、むやみに高くはできません。

そのため、4倍くらいが妥当なところではないかと思います。

第3章 簡単な「デジタル・フィルタ」

本格的な「デジタル・フィルタ」は第4章と第5章で取り上げますが、この章では「デジタル・フィルタ」の中でも簡単にプログラムを作れる、次の2種類を取り上げます。

①1次のIIRフィルタ
②移動平均

「デジタル・フィルタ」は、いろいろな点に注目して分類されますが、プログラムを作る上では、「巡回形」（または「再帰形」）と「非巡回形」（または「非再帰形」）に分類するのが便利です。

「巡回形」とは「フィードバック」を有する方法で、プログラムでは、過去に計算された値を再び使う方法です。

一方、「非巡回形」とは「フィードバック」を有さない方法で、プログラムでは、過去に計算された値は再び使わない方法です。

＊

これから作る「1次のIIRフィルタ」のプログラムは、「巡回形」でしか作れません。

それに対して、「移動平均」は、「非巡回形」でプログラムを作るのが基本的な方法ですが、「巡回形」でプログラムを作ることもできるので、「非巡回形」だけでなく「巡回形」に基づくプログラムも作ります。

※なお、この章で示すプログラムのファイル構成は、どの構成も**第2章の図7**に示すものと同じなので、その図は省略します。

3.1　1次のIIRフィルタ

「IIR」とは「infinite impulse response」の略で、「IIRフィルタ」とは、その「インパルス応答」(impulse response)の継続時間が無限であるフィルタのことです。

「IIRフィルタ」のプログラムは「巡回形」でしか作れません。

■3.1.1　「1次のIIRフィルタ」のプログラムを作る準備

図1に「1次のIIRフィルタ」の「ブロック図」を示しますが、これに対応する「差分方程式」は次のようになります。

$$y[n] = a_1 y[n-1] + b_0 x[n] \tag{1}$$

この式で、「a_1」と「b_0」は、フィルタの「周波数特性」を決める係数です。

これから作るプログラムでは、周波数が0 Hz、つまり「直流」に対する入出力の「振幅比」を「1」にするので、「b_0」は次のように設定します。

$$b_0 = 1 - a_1 \tag{2}$$

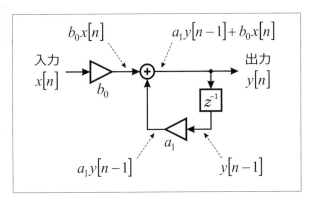

図1 「1次の IIR フィルタ」の「ブロック図」

このフィルタの「周波数特性」は、「伝達関数」から求めることができ、**式(1)** に対応する「伝達関数 $H(z)$」は、次のようになります。

$$H(z) = \frac{b_0}{1 - a_1 z^{-1}} \tag{3}^{10}$$

「入力信号の振幅」と「出力信号の振幅」の比に関する「周波数特性」（以降は簡単に「振幅特性」と書く）を「$A(\omega)$」で表わすものとすると、**式(3)** から、「$A(\omega)$」は次のようになります。

$$A(\omega) = \frac{|b_0|}{\sqrt{1 + a_1^2 - 2a\cos\omega T}}, \quad T:\text{「標本化間隔」} \tag{4}^{11}$$

図2には、「標本化周波数」が「10 kHz」で、いくつかの係数「a_1」に対する「振幅特性」を示します。

この図から、これからプログラムを作る「1次のIIRフィルタ」は、一種の「ローパス・フィルタ」になり、「a_1」が1に近づくほど、「高域」が減衰することが分かります。

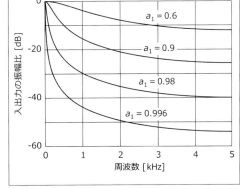

図2 「1次の IIR フィルタ」の振幅特性、「標本化周波数」が 10 kHz の場合

10 このように、「伝達関数」の分母に式が z^{-1} について「1次式」になっているので、この「伝達関数」に対応する「IIRフィルタ」は、「1次のIIRフィルタ」と呼ばれています。

11 この式で、「$b_0 = 1 - a_1$」とし、「$\omega = 0$」とすると、確かに「$|A(\omega)| = 1$」になります。

■ 3.1.2 「1次のIIRフィルタ」のプログラム

リスト1に、「1次のIIRフィルタ」のプログラムを示します。

リスト1　IODSP_IIR_1st¥main.cpp
「1次のIIRフィルタ」

```cpp
 7: #include "MultirateLiPh.hpp"
 8: #pragma diag_suppress 870    // マルチバイト文字使用の警告抑制のため
 9: using namespace Mikami;
10:
11: const int FS_ = 10;                // 入力の標本化周波数：　10 kHz
12: MultirateLiPh myAdĐa_(FS_);       // 出力標本化周波数を4倍にするオブジェクト
13: const float A1_ = 0.9F;
14: const float B0_ = 1.0F - A1_;
15:
16: void AdcIsr()
17: {
18:     static float yn = 0;
19:     float xn = myAdĐa_.Input(); // 入力
20:     yn = A1_*yn + B0_*xn;        // フィルタの処理
21:     myAdĐa_.Output(yn);          // 出力
22: }
23:
24: int main()
25: {
26:     printf("\r\n1次の IIR フィルタを実行します\r\n");
27:
28:     myAdĐa_.Start(&AdcIsr);       // 標本化を開始する
29:     while (true) {}
30: }
```

> この「関数」が終了しても「変数 yn」の値が
> 破棄されないようにするため「static」としている

> 「差分方程式」$y[n] = a_1 y[n-1] + b_0 x[n]$ に
> 対応する処理

プログラムの基本的な構成は、**第2章のリスト3**のプログラムとほぼ同じになっています。

[リスト解説]

フィルタに対応する計算は、**16〜22行目**の「割り込みハンドラ」の関数「`AdcIsr()`」の中で行なっており、**20行目**が、式(1)の「差分方程式」に対応する処理です。

このフィルタは「巡回形」なので、**18行目**で宣言している「変数」の「`yn`」は、以前に計算した結果を再び利用するという使い方をするため、「変数yn」には「`static`」という「キーワード」を付けていることに注意してください。

※なお、「`yn = 0`」となっていますが、これは「初期化」の際に「`yn`」を「`0`」と設定することであって、それ以降は、「`yn`」には、前回「`AdcIsr()`」が呼ばれときの結果が保存されています。

■3.1.3 「1次のIIRフィルタ」のプログラムの実行結果

　図3には、このプログラムを実行したときの、入出力の波形を示します。

　この図から、周波数が高くなるほど、出力の波形の「振幅」が減少していることが分かるので、確かに「ローパス・フィルタ」になっていることが確認できます。

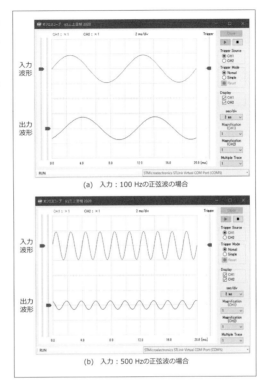

(a) 入力：100 Hzの正弦波の場合

(b) 入力：500 Hzの正弦波の場合

図3　「1次の IIR フィルタ」の入出力の波形

　図4に示すのは、自作の「スペクトル解析器」で調べた、「振幅特性」です。
　「5 kHz」に近い周波数で「振幅比」が小さくなっている理由ですが、主として、使っている「スペクトル解析器」の入力部に入っている、「ダウン・サンプリング」のために使っている「デジタル・フィルタ」の影響です。

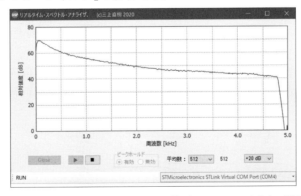

図4　自作の「スペクトル解析器」で調べた、「1次の IIR フィルタ」の「振幅特性」

　さらに、「0 kHz」に近い周波数でも「振幅比」が小さくなっていますが、これはアナログ信号の入力部を交流結合にし、直流分はカットしていることの影響です。

3.2　移動平均

「移動平均」とは図5に示すような処理で、これも「デジタル・フィルタ」の一種です。

図5に示す計算の方法の場合、過去に計算された値を使うような計算方法ではないため、「非巡回形」の「デジタル・フィルタ」と言えます。

この節では、「非巡回形」の「移動平均」を取り扱い、次の節では、「巡回形」の「移動平均」を取り扱います。

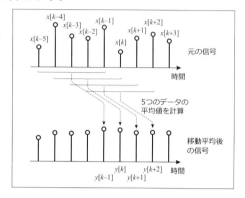

図5　「移動平均」の様子、5個のデータの平均の場合

なお、通常「移動平均」と言うと、「非巡回形」の「移動平均」のほうが直感的であり普通なので、「非巡回形」の場合には、単に「移動平均」と呼ぶことにします。

■3.2.1　「移動平均」のプログラムを作る準備

図6に、「N点移動平均」のブロック図を示します。

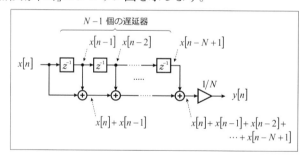

図6　「移動平均」の「ブロック図」

これに対応する「差分方程式」は、次のようになります。

$$y[n] = \frac{1}{N}\sum_{k=0}^{N-1} x[n-k] \tag{5}$$

また、この式に対応する「伝達関数」「$H(z)$」を、次に示します。

$$H(z) = \frac{1}{N}\sum_{k=0}^{N-1} z^{-k} \tag{6}$$

　さらに、「振幅特性」を「$A(\omega)$」で表わすものとすると、この式から、「$A(\omega)$」は次のようになります。

$$A(\omega) = \frac{1}{N} \left| \frac{\sin \dfrac{N\omega T}{2}}{\sin \dfrac{\omega T}{2}} \right| \tag{7}$$

　以下では、「$N = 20$」、「標本化周波数」を「10 kHz」としてプログラムを作るので、このときの「振幅特性」は**図7**のようになります。

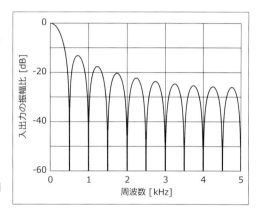

図7　「20点移動平均」の「振幅特性」、「標本化周波数」が10 kHzの場合

　この図から分かるように、高い周波数成分のほうがより大きく抑えられるため、「移動平均」は一種の「ローパス・フィルタ」になります。
　「移動平均」の「振幅特性」には深い谷が等間隔に現われ、この谷に対応する周波数の正弦波を入力すると、出力には信号が現われません。

　この「振幅特性」が谷になる周波数「f_V」は、以下の式で計算できます。

$$f_V = \frac{f_S}{N} n, \quad n = 1, 2, \cdots, N' \tag{8}$$

　この式で、「N'」は「$2N' \leqq N$」を満足する最も大きな整数で、「f_S」は「標本化周波数」です。
　「$N = 20$」の場合、谷になる周波数は、「0.5、1.0、1.5、2.0、2.5、3.0、3.5、4.0、4.5、5.0 kHz」になります

■ 3.2.2　「移動平均」のプログラム

リスト2に、「移動平均」のプログラムを示します。

リスト2　IODSP_MovingAverage¥main.cpp
20点のデータの「移動平均」

```
 7: #include "MultirateLiPh.hpp"
 8: #pragma diag_suppress 870    // マルチバイト文字使用の警告抑制のため
 9: using namespace Mikami;
10:
11: const int FS_ = 10;            // 入力の標本化周波数： 10 kHz
12: MultirateLiPh myAdÐa_(FS_);    // 出力標本化周波数を4倍にするオブジェクト
13: const int N_ = 20;            // 平均するデータ数
14: const float B0_ = 1.0F/N_;
15: float xk_[N_];                 // 遅延器に対応する配列
16:
17: void AdcIsr()                  ┌─「遅延器」に対応する「配列」
18: {
19:     xk_[0] = myAdÐa_.Input();   // 入力
20:     float yn = 0;
21:     for (int n=0; n<N_; n++) yn = yn + xk_[n];   ┐ 式(5)の「差分方程式」に
22:     yn = B0_*yn;                                  │ 対応する処理
23:     myAdÐa_.Output(yn);         // 出力          ┘
24:
25:     // 遅延器のデータの移動
26:     for (int n=N_-1; n>0; n--) xk_[n] = xk_[n-1];
27: }
28:
29: int main()
30: {
31:     printf("\r\n移動平均を実行します\r\n");
32:
33:     // 入力信号用バッファをクリア
34:     for (int n=0; n<N_; n++) xk_[n] = 0;
35:
36:     myAdÐa_.Start(&AdcIsr);     // 標本化を開始する
37:     while (true) {}
38: }
```

[リスト解説]

このプログラムは**13行目**で「N_ = 20;」と設定しているように、20点のデータを使って「移動平均」の計算を行ないます。

14行目の定数「B0_」には「$1/N$」に相当する値が設定されます。

なぜ、「$1/N$」に相当する値を定数として定義しているのかということですが、本書で使っているマイコンでは「除算」に時間がかかるため、「移動平均」の計算の中では除算を使うことを避けるため、という理由があるからです。

15行目で宣言している配列「xk_[N_]」は、**図6**の「遅延器」に対応する部分になります。

「移動平均」に対応する計算は、**17～27行目**の「割り込みハンドラ」の関数「AdcIsr()」の中で行なっており、**式(5)**の「差分方程式」に対応する処理は**20～22行目**です。

この「割り込みハンドラ」の最後の**26行目**で、データの移動を行なっていますが、こ

れは図6の「遅延器」のデータを、入力信号が入ってくるたびに、1つずつ右側の「遅延器」へ送る操作に対応します。

このデータの移動の様子を図8に示します。

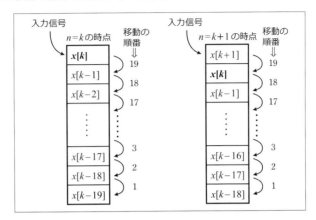

図8 「20点移動平均」のプログラム実行時に配列のデータを移動する様子

■3.2.3 「移動平均」のプログラムの実行結果

図9に示すのは、自作の「スペクトル解析器」で調べた、「20点移動平均」の「振幅特性」です。

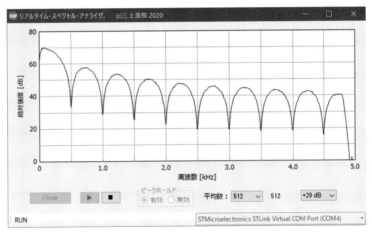

図9 自作の「スペクトル解析器」で調べた、「20点移動平均」の「振幅特性」

0Hzと5kHzに近い周波数帯域を除けば、ほぼ図7の「振幅特性」と一致していることが分かります。

3.3　「巡回形」構成の「移動平均」

「移動平均」は、「巡回形」の「デジタル・フィルタ」として実現することもできます。

「移動平均」を「巡回形」で実現すると、計算量を減らせるというメリットがある反面、注意してプログラムを作らなければ、思ったように動作しないというデメリットもあります。

■ 3.3.1 「巡回形」の「移動平均」のプログラムを作る準備

「巡回形」の「移動平均」に対応する代表的な「ブロック図」を2つ、図10に示します。

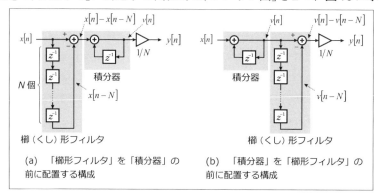

図10　「巡回形」の「移動平均」の「ブロック図」

いずれも、「櫛形フィルタ[12]」（「コム（Comb）フィルタ」とも呼ばれる）と「積分器」を「縦続接続」したものとして、構成されます。

一般に、「デジタル信号処理」を行なうシステムでは、ある処理を行なうためのブロックを、いくつか使って、「縦続接続」した場合、理論的にはその順番を変えても同じ働きをするシステムになるので、図10の (a) と (b) も、理論的には同じ働きをするシステムになります。

*

2つの「ブロック図」に対する「差分方程式」は、それぞれ以下のようになります。

＜(a) の場合＞

$$\begin{cases} v[n] = x[n] - x[n-N] + v[n-1] \\ y[n] = \dfrac{1}{N} v[n] \end{cases} \tag{9}$$

＜(b) の場合＞

$$\begin{cases} v[n] = x[n] + v[n-1] \\ y[n] = \dfrac{1}{N} \big(v[n] - v[n-N] \big) \end{cases} \tag{10}$$

12　**図11(a)** に示すように、「振幅特性」が櫛（くし）の歯状なので、このような名前で呼ばれています。

「伝達関数」は、当然ですが、どちらの場合も同じで、**式(6)** のようになります。

＊

式(9) および (10) から「伝達関数」を導く方法を、参考までにコラムに示します。

コラム　**式(9)、(10) からの「伝達関数」導き方**

「$x[n]$」「$y[n]$」「$v[n]$」の「z変換」を、それぞれ「$X(z)$」「$Y(z)$」「$V(z)$」とし、「伝達関数」を「$H(z)$」で表わすことにします。

＜(a) の場合＞

式(9) の最初の式の両辺を「z変換」すると、次のようになります。

$$V(z) = X(z) - X(z)z^{-N} + V(z)z^{-1} \tag{A}$$

この式から「$V(z)$」を求めると、次のようになります。

$$V(z) = X(z) \cdot \frac{1-z^{-N}}{1-z^{-1}} = X(z)\left\{ 1 + z^{-1} + z^{-2} + \cdots z^{-(N-1)} \right\}$$
$$= X(z)\sum_{k=0}^{N-1} z^{-k} \tag{B}$$

一方、式(9) の二番目の式を「z変換」し、式(B) を代入すると、次のようになります。

$$Y(z) = \frac{1}{N}V(z) = \frac{1}{N}X(z)\sum_{k=0}^{N-1} z^{-k} \tag{C}$$

したがって、「伝達関数」は次のようになり、これは当然ですが、「非巡回形移動平均」の「差分方程式」に対応する、式(6) に示す「伝達関数」と同じになります。

$$H(z) = \frac{1}{N}\sum_{k=0}^{N-1} z^{-k} \tag{D}$$

＜(b) の場合＞

式(10) の最初の式の両辺を「z変換」し、ここから「$V(z)$」を求めると、次のようになります。

$$V(z) = X(z) \cdot \frac{1}{1-z^{-1}} \tag{E}$$

この式を、式(10) の二番目の式の両辺を「z変換」したものに代入すると、次のようになります。

$$Y(z) = \frac{1}{N}(z)(1-z^{-N}) = \frac{1}{N}X(z)\sum_{k=0}^{N-1} z^{-k} \tag{F}$$

この式(F) は、式(C) と同じなので、この場合の「伝達関数」も、式(D) と同じになります。

図11には、「$N = 20$」、「標本化周波数」を「10 kHz」とし、図10に示す「櫛形フィルタ」「積分器」、および両者を「縦続接続」した全体の「振幅特性」を示します。

図11(b) の「積分器」では、周波数が「0」の場合、入出力の振幅比は「無限大」になります。

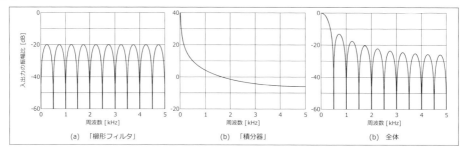

図11 「20点移動平均」の処理を図10のように「櫛形フィルタ」と「積分器」の「縦続接続」で
実行する場合の、各部分と全体の「振幅特性」、「標本化周波数」が10 kHzの場合

図11(a)、(b) の縦軸は「dB」単位になっているので、両者を加え合わせたものが、全体の「振幅特性」である図11(c) のようになり、これは図7に示した「20点移動平均」の「振幅特性」と同じになります。

■ 3.3.2 「巡回形移動平均」のプログラム

●図10(a) に対応するプログラム

リスト3に、図10(a) に対応する「巡回形移動平均」のプログラムを示します。

リスト3 IODSP_RecursiveMA1¥main.cpp
「櫛形フィルタ」を「積分器」の前に配置する「巡回形移動平均」

```
 8: #include "MultirateLiPh.hpp"
 9: #pragma diag_suppress 870   // マルチバイト文字使用の警告抑制のため
10: using namespace Mikami;
11:
12: const int FS_ = 10;           // 入力の標本化周波数： 10 kHz
13: MultirateLiPh myAdÐa_(FS_);   // 出力標本化周波数を4倍にするオブジェクト
14: const int N_ = 20;            // 平均するデータ数
15: const float B0_ = 1.0F/N_;    // 平均するデータ数の逆数
16: float xk_[N_];                // 入力信号用バッファ
17:
18: void AdcIsr()
19: {
20:     static float vn = 0;
21:     float xn = myAdÐa_.Input(); // 入力
22:     __IO float dif = xn - xk_[N_-1]; // 櫛形フィルタ
23:     vn = vn + dif;              // 積分
24:     float yn = B0_*vn;          // 出力
25:     myAdÐa_.Output(yn);         // 出力
```

（19行目 `{` からの吹き出し）「volatile」の別名

（22行目 `__IO` への吹き出し）「櫛形フィルタ」の処理

（23行目 `vn = vn + dif;` への吹き出し）「積分」の処理

```
26:
27:     for (int n=N_-1; n>0; n--) xk_[n] = xk_[n-1];◄──── 「遅延器」のデータの移動
28:     xk_[0] = xn;◄
29: }                  データの移動で空いたところに
30:                    21行目で入力したデータを保存
31: int main()
32: {
33:     printf("\r\n櫛形フィルタを積分器の前に配置する巡回形構成による"
34:             "移動平均を実行します\r\n");
35:
36:     // 入力信号用バッファをクリア
37:     for (int n=0; n<N_; n++) xk_[n] = 0;
38:
39:     myAdDa_.Start(&AdcIsr);      // 標本化を開始する
40:     while (true) {}
41: }
```

[リスト解説]

16行目で宣言している配列「xk_[N_]」は、**図10(a)**の「遅延器」に対応する部分になります。

「巡回形移動平均」に対応する計算は、**18～29行目**の「割り込みハンドラ」の関数「AdcIsr()」の中で行なっています。

20行目の変数「vn」の宣言で、頭に「static」が付いているのは、**リスト1**でも説明したように、次に関数「AdcIsr()」が呼ばれたときに、前に呼ばれたときに計算された「vn」を使うため、関数「AdcIsr()」が終了しても「vn」の値が保存されるようにするためです。

なお、**20行目**で、「vn = 0;」となっていますが、これも**リスト1**で説明しているように、これはあくまでも「初期化」であって、関数「AdcIsr()」が次回以降に呼ばれる際には、「vn」の値は「0」ではなく、前に計算された値になっています。

*

「櫛形フィルタ」の処理が**22行目**ですが、ここで変数「dif」を宣言する際に、頭に「__IO」というキーワードが付けられていることに注意してください。

「__IO」は「volatile」の「別名」で、「Armマイコン」の「Cortex」のための「ソフトウェア・インターフェイス規格」である「CMSIS」で定義されています。

ここで、仮に「__IO」を付けない場合、「コンパイラ」の「最適化」の影響により、**23行目**の「積分」に対応する処理で、「dif」の部分を「xn - xk_[N_-1]」に置き替えられる可能性が出てきます。

このような置き替えが行なわれると、先に、「櫛形フィルタ」の処理を行ない、その次に「積分」の処理を行なうという、処理の順番が保障されなくなる可能性が出てくるので、それを防ぐため、「dif」には「__IO」を付けています。

27行目の処理は、**図10(a)**に示す「遅延器」の中のデータの移動で、**28行目**ではその結果空いた配列の先頭「xk_[0]」に、**21行目**で取得した入力信号「xn」の値を保存します。

39

●図10(b) に対応するプログラム ─ 積分を浮動小数点数の演算で実行

リスト4に、図10(b) に対応する「巡回形移動平均」のプログラムを示します。

リスト4　IODSP_RecursiveMA2¥main.cpp

「積分器」を「櫛形フィルタ」の前に配置する「巡回形移動平均」（「積分」は「浮動小数点演算」で実行）

```
 8: #include "MultirateLiPh.hpp"
 9: #pragma diag_suppress 870    // マルチバイト文字使用の警告抑制のため
10: using namespace Mikami;
11:
12: const int FS_ = 10;              // 入力の標本化周波数： 10 kHz
13: MultirateLiPh myAdÐa_(FS_);      // 出力標本化周波数を4倍にするオブジェクト
14: const int N_ = 20;              // 平均するデータ数
15: const float B0_ = 1.0F/N_;       // 平均するデータ数の逆数
16: const float A1_ = 0.999f;        // 積分処理の動作を安定化するための係数
17: float vk_[N_];                  // 積分器の出力信号用バッファ
18:
19: void AdcIsr()
20: {
21:     static float vn = 0;
22:     float xn = myAdÐa_.Input(); // 入力
23:     vn = A1_*vn + xn;                    // 積分器
24:     float yn = B0_*(vn - vk_[N_-1]);    // 櫛形フィルタ
25:     myAdÐa_.Output(yn);          // 出力
26:
27:     for (int n=N_-1; n>0; n--) vk_[n] = vk_[n-1];
28:     vk_[0] = vn;
29: }
30:
31: int main()
32: {
33:     printf("\r\n積分器を櫛形フィルタの前に配置する巡回形構成による"
34:            "移動平均を実行します\r\n");
35:
36:     // 積分器の出力信号用バッファをクリア
37:     for (int n=0; n<N_; n++) vk_[n] = 0;
38:
39:     myAdÐa_.Start(&AdcIsr);     // 標本化を開始する
40:     while (true) {}
41: }
```

> この「係数」を「1」にすれば、本来の「積分処理」になるが、そうすると、「積分処理」の動作が「不安定」になるため、それを防止するため「1」よりわずかに小さな数を設定している

> 「積分」の処理

> 「櫛形フィルタ」の処理

> 「遅延器」のデータの移動

> データの移動で空いたところに、23 行目で計算した「積分器」の出力を保存

このプログラムでは、「積分器」に対応するフィルタに関する演算は「浮動小数点数」で行なっています。

［リスト解説］

「巡回形移動平均」に対応する計算は、19〜29行目の「割り込みハンドラ」の関数「AdcIsr()」の中で行なっています。

このプログラムで、**図10(b)** の「積分器」に対応する処理は、**23行目**ですが、「A1_*vn」という乗算を行なっているため、「ブロック図」通りの処理にはなっていないことに注意してください。

この「A1_」には、**16行目**で定義しているように、1よりわずかに小さい「0.999」という値が設定されています。

　なぜこのような処理にしているかというと、「ブロック図」通りの処理にすると、入力信号に「直流分」が重畳していた場合に、**23行目**の処理で「オーバーフロー」が発生する[13]ため、このフィルタは満足に働かないからです。

　「ブロック図」通りの処理にするためには、「A1_」の乗算をやめるか、「A1_」に「1.0」を設定することで可能になるので、試みに、そのように処理に変更して実行してみると、出力は一瞬、出るものの、それ以降は一定の値が出力されます。

　なお、このプログラムをそのまま実行した場合は、**リスト3**の結果と区別はできません。

　図10(b) の「ブロック図」通りの処理のプログラムを作るためには、**23行目**の処理を、「浮動小数点数」の演算ではなく、「整数」の演算にする必要があります。

　このプログラムは、次の項目で示します。

●図10(b) に対応するプログラム ─ 積分を整数の演算で実行

　「移動平均」は**第4章**で扱う「FIRフィルタ」の一種ですが、「FIRフィルタ」のプログラムを「整数」の演算で作る場合[14]に、途中結果が「オーバーフロー」が発生しても、最終的な結果が、理論的に「オーバーフロー」しないことが分かっていれば、うまく動作するということが知られています。

　そこで、「積分器」の部分の演算を「整数」で行なうように修正したプログラムを、**リスト5**に示します。

リスト5　IODSP_RecursiveMA2_int¥main.cpp
「積分器」を「櫛形フィルタ」の前に配置する「巡回形移動平均」（「積分」は「整数演算」で実行）

```
 8: #include "MultirateLiPh.hpp"
 9: #pragma diag_suppress 870    // マルチバイト文字使用の警告抑制のため
10: using namespace Mikami;
11:
12: const int FS_ = 10;                // 入力の標本化周波数： 10 kHz
13: MultirateLiPh myAdÐa_(FS_);        // 出力標本化周波数を4倍にするオブジェクト
14: const int N_ = 20;                 // 平均するデータ数
15: const float B0_ = 1.0F/N_;         // 平均するデータ数の逆数
16: int32_t vk_[N_];                   // 積分器の出力信号用バッファ
17:
18: void AdcIsr()
19: {
20:     const float G0 = 2048;         ← 「整数」に変換する際に使う「乗数」
21:     const float INV_G0 = B0_/G0;   ← 「浮動小数点数」に変換する際に使う「乗数」
22:     static int32_t vn = 0;
23:     int16_t xn = (int16_t)(G0*myAdÐa_.Input()); // 入力
24:     vn = vn + xn;  ←------「積分」の処理      // 積分器
25:     float yn = INV_G0*(vn - vk_[N_-1]); ←    // 櫛形フィルタ
26:     myAdÐa_.Output(yn);            // 出力       └「櫛形フィルタ」の処理
27:
```

13　入力信号に「直流分」が重畳する場合に、「オーバーフロー」が発生するのは、図11(b)で示すように「積分器」の「振幅特性」が、周波数が0の場合、入出力の振幅比は「無限大」になることが原因です。

14　さらに正確に言えば、負の数は「2の補数」表現で表わしている場合になります。

```
28:        for (int n=N_-1; n>0; n--) vk_[n] = vk_[n-1];  ←------ 「遅延器」のデータの移動
29:        vk_[0] = vn; ←
30: }                          データの移動で空いたところに、24 行目で
31:                            計算した 「積分器」の出力を保存
32: int main()
33: {
34:        printf("\r\n積分器を櫛形フィルタの前に配置する巡回形構成による"
35:               "移動平均を実行します\r\n");
36:        printf("積分器の処理は整数演算を使用\r\n");
37:
38:        // 積分器の出力信号用バッファをクリア
39:        for (int n=0; n<N_; n++) vk_[n] = 0;
40:
41:        myAdDa_.Start(&AdcIsr);      // 標本化を開始する
42:        while (true) {}
43: }
```

　このプログラムで、「int32_t」や「int16_t」という「型名」が出てきますが、それぞれ、「int32_t」は符号付き32ビットの整数、「int16_t」は符号付き16ビットの整数に対応する「型名」です。

[リスト解説]

　「巡回形移動平均」に対応する部分は、18〜30行目の「割り込みハンドラ」の関数「AdcIsr()」です。

　ところで、入力信号は「float型」で、その範囲を「-1.0 〜 1.0 」にしているため、そのままでは「整数」の演算はできません。

　そこで23行目のように、入力用に使っている「AD変換器」が12ビットのため、入力信号に「2048」を乗算して「整数化」しています。

　24行目の「積分」の処理は、「整数」の演算を行なっています。
　最後に、25行目で「櫛形フィルタ」の処理を行ない、さらに「1/2048」を乗算して、出力信号としています。

Appendix 「デジタル・フィルタ」を扱う上での予備知識

　このAppendixでは、「デジタル・フィルタ」などのプログラムを作成する上で最低限知っておいたほうがよい、基本的な事項についてまとめて示します。

●ブロック図

　「ブロック図」は、「デジタル・フィルタ」などの構造を表わすために、よく使われます。
　そのほかに「シグナル・フロー・グラフ」を使って表わす場合もありますが、本書では使わないので、ここでは省略します。

　この「ブロック図」の要素と、その入力と出力の関係を図A.1に示します。

この図には、入出力信号などの関係だけでなく、それらを「z変換」[15]したものの関係も、併せて示しています。

[ ] 内に示しているのが信号を「z変換」したものです。

$x[n]$ → ▷a → $ax[n]$ $[X(z)]$ $[aX(z)]$	乗算
$x_1[n]$ → ⊕ → $x_1[n]+x_2[n]$ $[X_1(z)]$ $[X_1(z)+X_2(z)]$ $x_2[n]$ $[X_2(z)]$	加算
$x[n]$ → z^{-1} → $x[n-1]$ $[X(z)]$ $[X(z)z^{-1}]$	遅延器

図A.1 「ブロック図」の要素
[]内は信号のz変換

●差分方程式

「差分方程式」は「デジタル・フィルタ」などの「時間領域」での関係を表わすもので、「デジタル・フィルタ」のプログラムを作る場合、基本的にはこの「差分方程式」をプログラム化することになります。

＊

それでは、具体的な例で考えてみましょう。

たとえば、図1の「デジタル・フィルタ」に対応する「差分方程式」は式(1)で、すでに与えられていますが、これを「ブロック図」から求めてみます。

そのため、図1の「ブロック図」の各部分にどのような信号が現われるかを、図A.1を参照しながら書き込んだものを図A.2[16]に示します。

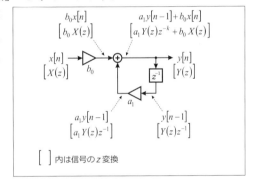

図A.2 「1次のIIRフィルタ」の「ブロック図」における各部の信号とその「z変換」

＊

なお、ここでは入力信号を「$x[n]$」、出力信号を「$y[n]$」としています。

そうすると、この図の「加算器」の出力に現われる信号「$a_1y[n-1]+b_0x[n]$」がこの「デジタル・フィルタ」の出力になっているので、「差分方程式」は次のようになることが直ちに分かります。

$$y[n] = a_1y[n-1] + b_0x[n] \tag{A.1}$$

---

15 「z変換」については、このAppendixの「伝達関数」の項目で説明している「z変換の性質」についてだけ頭に入れておけば、本書を読む上では充分です。

16 **図A.2**には、後で伝達関数を求めるときに使うため、各部の信号のz変換したものを[ ]内に示しています。

●**伝達関数**

「デジタル・フィルタ」は、「伝達関数」を使っても表現できます。

入力信号「$x[n]$」の「z変換」を「$X(z)$」、出力信号「$y[n]$」の「z変換」を「$Y(z)$」とすると、「伝達関数 $H(z)$」は次の式で定義されます。

$$H(z) = \frac{Y(z)}{X(z)} \tag{A.2}$$

したがって、「伝達関数」を求めるには「z変換」についての知識をもっていなければならないと思うかもしれませんが、その必要はなく、単に、「z変換」に関する、次に示す2つの性質を頭に入れておけば充分です。

＜「伝達関数」を求めるために使う「**z変換**」の性質＞

「z変換」の操作を $\mathscr{Z}\{\cdot\}$ で表わすことにすると、たとえば、信号 $x[n]$ の「z変換」を $X(z)$ とするとき、$X(z) = \mathscr{Z}\{x[n]\}$ と書けます。

この表現を使うと、「伝達関数」を求めるための2つの性質は次のようになります。

1) 線形性

$\mathscr{Z}\{a_1 x_1[n] + a_2 x_2[n]\} = a_1 \mathscr{Z}\{x_1[n]\} + a_2 \mathscr{Z}\{x_2[n]\}$、ただし「$a_1$」、「$a_2$」は定数とします。

2) 時間軸上のシフト

$\mathscr{Z}\{x[n-k]\} = z^{-k} \mathscr{Z}\{x[n]\}$

この2つの性質を使えば、「差分方程式」(A.1) から、この「デジタル・フィルタ」の「伝達関数」を求めることができます。

「$X(z) = \mathscr{Z}\{x[n]\}$」「$Y(z) = \mathscr{Z}\{y[n]\}$」として、「$z$変換」の2つの性質を考慮して、「差分方程式」(A.1) の両辺を「z変換」すると、次の式を得ることができます。

$$Y(z) = a_1 Y(z) z^{-1} + b_0 X(z) \tag{A.3}$$

したがって、「伝達関数 $H(z)$」は次のように求められます。

$$H(z) = \frac{b_0}{1 - a_1 z^{-1}} \tag{A.4}$$

　伝達関数を求めるには、もう1つの方法があり、それは、「ブロック図」から求める方法です。

　図A.2には、各部分の信号の「z変換」も [ ] 内に示しています。

　この図から、加算器の出力信号の「z変換」は「$a_1 Y(z)z^{-1}+b_0 X(z)$」で、この値がこの「デジタル・フィルタ」の出力信号の「z変換」に一致します。

　そのため、直ちに**式(A.3)**の関係が求められるので、そこから「伝達関数」も求められます。

●周波数応答

　「伝達関数」は**式(A.4)**からも分かるように、「変数z」に関する関数ですが、この「z」はそのままでは私たちが通常観測できるような物理量ではないので、「伝達関数」は理解しにくいかもしれません。

　そこで、**式(A.4)**の「伝達関数」で、「$z=\exp(j\omega T)$」[17]と置き替えた「関数」に直します。

　この「関数」が「周波数応答」と呼ばれるもので、「角周波数ω」を「変数」とする「関数」になり、「デジタル・フィルタ」の「周波数特性」を表わすことになります。

　式(A.3)に対応する「周波数応答」を求めると、次のようになります。

$$H(j\omega T)=\frac{b_0}{1-a_1\exp(-j\omega T)} \tag{A.5}$$

　この式は入出力信号の「振幅比」と「位相のズレ」が「周波数」とともにどのように変化するか、つまりこれらの「周波数特性」を表わしています。

　しかし、この式のままでは、「周波数」に対する「振幅比」と「位相のズレ」の両者を同時に表わしているため、分かりにくくなっていると思います。

　そのため、通常はこの式を「絶対値」と「偏角」に分けて表現します。

　「$H(j\omega T)$」の「絶対値」を「$A(\omega)$」、「偏角」を「$\theta(\omega)$」とすると、**式(A.5)**は次のような「極形式」で表現できます。

$$H(j\omega T)=A(\omega)\exp(j\theta(\omega)) \tag{A.6}$$

17　「j」：「虚数単位」（つまり、「$j=\sqrt{-1}$」）、「ω」：「角周波数」（「周波数」を「f」とすると $\omega=2\pi f$）、「T」：「標本化間隔」。
　　なお、「$\exp(j\omega T)$」と書くのと、「$e^{j\omega T}$」と書くのは同じことです。

この式で、「$A(\omega)$」は入力信号と出力信号の「振幅比」に関する「周波数特性」（「振幅特性」と略す）、「$\theta(\omega)$」は入力信号と出力信号の「位相差」に関する「周波数特性」（「位相特性」と略す）を表わし、それぞれ次のようになります。

「振幅特性」：$A(\omega) = \dfrac{|b_0|}{\sqrt{1 + a_1^2 - 2a_1 \cos \omega T}}$　　　　　　　　(A.7)

「位相特性」：$\theta(\omega) = -\tan^{-1} \dfrac{a_1 \sin \omega T}{1 - a_1 \cos \omega T}$　　　　　　　　(A.8)

なお、これらの式を導く際にはオイラーの公式を使うので、以下に示しておきます。

＜オイラーの公式＞

$$\exp(jx) = \cos x + j \sin x, \quad \exp(-jx) = \cos x - j \sin x \qquad \text{(A.9)}$$

第4章 FIRフィルタ

「デジタル・フィルタ」は、「FIRフィルタ」と「IIRフィルタ」に分類できますが、この章では「FIRフィルタ」について扱い、「IIRフィルタ」は次の章で扱います。

＊

最初に、「FIRフィルタ」についての基本的な事柄と構成法を説明し、次に「FIRフィルタ」の「係数」を求めための「FIRフィルタ」の設計方法について説明します。

この章では、「フィルタ」の部分を「関数」とするプログラムと、「クラス」とするプログラムを作ります。

4.1 「FIRフィルタ」とは

「FIR」とは「finite impulse response」の略で、「インパルス応答」の継続時間が有限であるフィルタが「FIRフィルタ」です。

「インパルス応答」とは、入力信号として**式(1)**で示される「インパルス信号 $\delta[n]$」を入力したときの出力信号のことです。

$$\delta[n] = \begin{cases} 1, & n = 0 \\ 0, & n \neq 0 \end{cases} \qquad (1)$$

「FIRフィルタ」の入出力信号の関係を表わす「差分方程式」は、次の式のようになります。

$$y[n] = \sum_{k=0}^{M} h_k x[n-k] \qquad (2)$$

この式で、「$h_k \ (k = 0, 1, \cdots, M)$」はフィルタの係数と呼ばれるもので、これによってフィルタの「周波数特性」が決まり、「M」はこのフィルタの「次数」[18]と呼ばれています。

式(2)で、「インパルス応答」を求めるため、「$x[n] = \delta[n]$」とおき、「$n > M$」となる「n」を代入してみると、その出力は必ず「0」になることが、**式(2)**から明らかです。
そのため、「FIRフィルタ」の「インパルス応答」の継続時間は有限であることが分かります。

---

18 「FIRフィルタ」で、「次数」と「係数」の個数とは間違いやすいので注意が必要です。通常は、「FIRフィルタ」の「次数」というと、フィルタの計算に使う入力信号の中で、もっとも過去の信号が何サンプル前のものかというときの、サンプル数に一致する数のことです。
　式(2)の場合は、計算に使う入力信号で、もっとも過去の信号は $x[n-M]$ であり、これは M サンプルだけ過去の信号なので、この場合は「M 次のフィルタ」と呼ばれます。
　一方、「係数」の個数は「$M+1$ 個」になります。

式(2)の「差分方程式」で表わされる「FIRフィルタ」の「伝達関数 $H(z)$ 」は、式(3)のようになります。

$$H(z) = \sum_{k=0}^{M} h_k z^{-k} \tag{3}$$

4.2　「FIRフィルタ」の構成

「FIRフィルタ」は「巡回形」でも「非巡回形」でも作れますが、特別な事情がない限りは「非巡回形」で作るので、この章では「非巡回形」の構成を取り上げます。

「非巡回形」の「FIRフィルタ」を構成するにはいくつかの方法がありますが、この章では最も基本的な「直接形」とその「転置形」のプログラムを作るので、この2つについて説明します。

そのほかに、「縦続形」、「格子形」などの構成法がありますが、これらはあまり使われないので、これらの構成法は、本書では省略します。

● 直接形のFIRフィルタ

「直接形」とは、式(2)の「差分方程式」に一対一に対応するもので、そのブロック図を図1に示します。

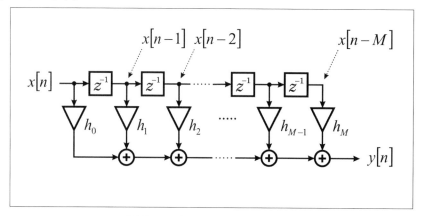

図1　「直接形」の「FIRフィルタ」の「ブロック図」

● 直接形に対する転置形のFIRフィルタ

「転置形」とは、元の構成を「ブロック図」で表わしたときに、次の3つの操作を行なったものになります。

①入力と出力を交換する。

②信号の流れる方向をすべて逆転する。

③「加算器」と「分岐点」を交換する。

図1の「ブロック図」で表わされる「直接形」に対して、この3つの操作を行なった「転置形」の「FIRフィルタ」の「ブロック図」を図2に示します。

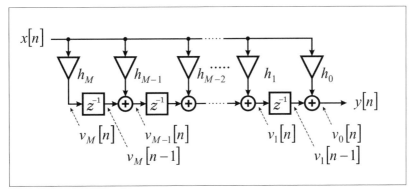

図2 「直接形」に対する「転置形」の「FIRフィルタ」の「ブロック図」

この「ブロック図」に対応する「差分方程式」は、次のようになります。

$$
\begin{cases}
y[n] = h_0 x[n] + v_1[n-1] \\
v_1[n] = h_1 x[n] + v_2[n-1] \\
\quad\quad\vdots \\
v_{M-1}[n] = h_{M-1} x[n] + v_M[n-1] \\
v_M[n] = h_M x[n]
\end{cases} \tag{4}
$$

以降では、"「直接形」に対する「転置形」"とは呼ばずに、単に"転置形"と呼ぶことにします。

<table>
<tr><td>**4.3**</td><td>**「FIRフィルタ」の設計**</td></tr>
</table>

「フィルタ」のプログラムを書くためには、「フィルタ」の「係数」を求める、つまり「フィルタの設計」が必要になります。

この「フィルタの設計」をすべて自分でやろうとすると、そのための勉強が必要になりますが、これはそれなりの数学的な知識が要求されるため、それほど簡単ではなく、さらに、「フィルタの設計」方法が理解できたとしても、設計のためのプログラムを作るのは、かなりやっかいです。

そこで、筆者の作成した「フィルタ設計用ツール」を、工学社のサイトからダウンロードできるようにしておきました。

「FIRフィルタの設計用ツール」としては、「FIR_Design_Windowing」と「FIR_Design_Remez」を用意しました。

その使い方については、**「付録B」**(PDF)で説明しているので、そちらを参考にしてください。

この章の「4.4」「4.5」で作る「FIRフィルタ」は「ローパス・フィルタ」で、この「係数」は、「FIR_Design_Remez」を使い、**表1**のパラメータを与えて求めたものです。

表1　「4.4」「4.5」で作る「FIRフィルタ」の設計時に与えたパラメータ

次数	100	
標本化周波数(kHz)	10	
	帯域1(通過域)	帯域2(阻止域)
下側帯域端周波数(kHz)	0.0	1.1
上側帯域端周波数(kHz)	0.9	5
利得	1	0
重み	1	1

　「FIRフィルタの設計用ツール」には、設計した「FIRフィルタ」の「振幅特性」が表示されるので、表1のパラメータを与えて設計したときの様子を図3に示します。

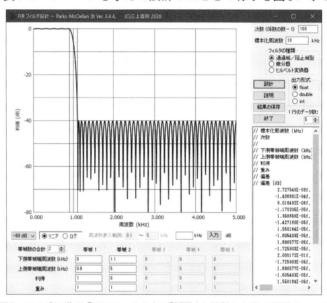

図3　この章で作る「FIRフィルタ」の「係数」を設計した際の設計用ツール
「FIR_Design_Remez」の画面の様子

4.4　「FIRフィルタ」のプログラム ー「クラス」を使わない方法

　この節では、「FIRフィルタ」の処理を「関数」として記述するプログラムを作り、次の節では、「FIRフィルタ」の処理を「クラス」で実現するプログラムを作ります。

■4.4.1　「直接形FIRフィルタ」のプログラム

　プログラム全体が入っているフォルダ(IODSP_FirDirectFunction)の様子を**図4**に示します。

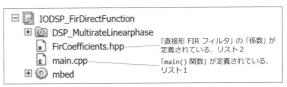

図4　「直接形 FIR フィルタ」のプログラム「IODSP_FirDirectFunction」のファイル構成

●「main.cpp」の内容

　「main.cpp」は「main()」関数を含むファイルで、その内容を**リスト1**に示します。

リスト1　IODSP_FirDirectFunction¥main.cpp
「直接形 FIR フィルタ」

```
 7: #include "MultirateLiPh.hpp"
 8: #include "FirCoefficients.hpp"    ← 「FIR フィルタ」の係数が定義されている
 9: #pragma diag_suppress 870   // マルチバイト文字使用の警告抑制のため
10: using namespace Mikami;
11:
12: const int FS_ = 10;              // 入力の標本化周波数： 10 kHz
13: MultirateLiPh myAdDa_(FS_);      // 出力標本化周波数を4倍にするオブジェクト
14: float xk_[ORDER_+1];             // 遅延器
15:
16: // 直接形 FIR フィルタ          入力信号が格納される「遅延器」に相当する「配列」
17: float FirDirect(float xn, const float hk[], float xk[], int order)
18: {
19:     xk[0] = xn;
20:     float yn = 0;
21:     for (int k=0; k<=order; k++) yn += hk[k]*xk[k];   ← 「差分方程式」$y[n] = \sum_{k=0}^{M} h_k x[n-k]$ に対応する処理
22:
23:     // 遅延器のデータの移動
24:     for (int k=order; k>0; k--) xk[k] = xk[k-1];
25:
26:     return yn;
27: }
28:
29: void AdcIsr()                     「直接形 FIR フィルタ」を実行する「関数」
30: {
31:     float xn = myAdDa_.Input();           // 入力
32:     float yn = FirDirect(xn, HK_, xk_, ORDER_); // フィルタの処理
33:     myAdDa_.Output(yn);                   // 出力
34: }
35:
36: int main()
37: {
38:     printf("\r\n直接形 FIR フィルタを実行します\r\n");
39:
40:     // 遅延器のクリア
41:     for (int k=0; k<=ORDER_; k++) xk_[k] = 0;
42:
43:     myAdDa_.Start(&AdcIsr);    // 標本化を開始する
44:     while (true) {}
45: }
```

[リスト解説]

8行目の「インクルード文」で読み込むファイル「FirCoefficients.hpp」には、フィルタの「係数」が記述されています。

14行目の配列「xk_[ORDER_+1]」は、入力信号が格納される「遅延器」に相当するものです。

17～27行目は「直接形FIRフィルタ」の処理に対応する関数「FirDirect()」です。21行目が、式(2)に対応した処理になります。

最後に、24行目で、「遅延器」内のデータを1つずつ移動します。

● FirCoefficients.hppの内容

「FirCoefficients.hpp」はフィルタの「係数」を記述したファイルで、その内容を、リスト2に示します。

リスト2　IODSP_FirDirectFunction¥FirCoefficients.hpp
「直接形 FIR フィルタ」の「係数」

```
 7: #ifndef FIR_COEFFICIENTS_100TH_HPP
 8: #define FIR_COEFFICIENTS_100TH_HPP
 9:
10: // 標本化周波数（kHz）        10.000000
11: // 次数                            100
12: //                          帯域 1      帯域 2
13: // 下側帯域端周波数（kHz）    0.000000    1.100000
14: // 上側帯域端周波数（kHz）    0.900000    5.000000
15: // 利得                      1.000000    0.000000
16: // 重み                      1.000000    1.000000
17: // 偏差                      0.009864    0.009864
18: // 偏差 [dB]                 0.085260  -40.118683
19: const int ORDER_ = 100;          「h0」              「h1」
20: const float HK_[] = {
21:         2.727548E-03f, -3.847690E-03f, -3.064525E-03f, -2.512980E-03f,
22:        -1.565879E-03f, -1.406681E-04f,  1.429637E-03f,  2.589344E-03f,
            「h100」 （中略）                                    「h99」
45:        -1.565879E-03f, -2.512980E-03f, -3.064525E-03f, -3.847690E-03f,
46:         2.727548E-03f};
47: #endif  // FIR_COEFFICIENTS_100TH_HPP
```

※このリストでは、係数の一部を省略しているので、全体はダウンロードしたプログラムを参照してください。

● プログラムの実行結果

図5に示すのは、自作の「スペクトル解析器」で調べた、「振幅特性」です。

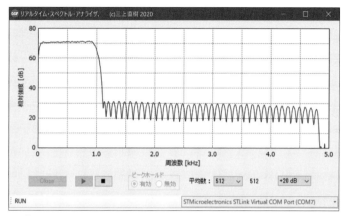

図5　自作の「スペクトル解析器」で調べた、リスト1の「直接形FIRフィルタ」の「振幅特性」

「振幅特性」は、図3に示すものとほぼ一致することが確認できます。

■ 4.4.2 「転置形FIRフィルタ」のプログラム

プログラム全体が入っているフォルダ (IODSP_FirTransposedFunction) の様子を図6に示します。

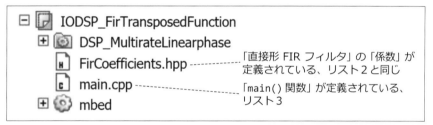

図6　「転置形FIRフィルタ」のプログラム「IODSP_FirTransposedFunction」のファイル構成

「FirCoefficients.hpp」はフィルタの「係数」を記述したファイルで、その内容は、すでに示したリスト2と同じです。

● 「main.cpp」の内容

「main.cpp」は「main()」関数を含むファイルで、その内容を**リスト3**に示します。

リスト3　IODSP_FirTransposed¥main.cpp
「直接形」に対する「転置形」の「FIR フィルタ」

```
 7: #include "MultirateLiPh.hpp"
 8: #include "FirCoefficients.hpp"     ←「FIR フィルタ」の係数が定義されている
 9: #pragma diag_suppress 870   // マルチバイト文字使用の警告抑制のため
10: using namespace Mikami;
11:
12: const int FS_ = 10;              // 入力の標本化周波数： 10 kHz
13: MultirateLiPh myAdDa_(FS_);      // 出力標本化周波数を4倍にするオブジェクト
14: float vk_[ORDER_];  ←           // 遅延器
15:                         計算の途中結果が格納される「遅延器」に相当する「配列」
16: // 直接形に対する転置形のフィルタ
17: float FirTransposed(float xn, const float hk[], float vk[], int order)
18: {
19:     float yn = hk[0]*xn + vk[0];  ←  $y[n] = h_0 x[n] + v_1[n-1]$
20:     for (int k=1; k<order; k++)
21:         vk[k-1] = hk[k]*xn + vk[k];  ←  $v_k[n] = h_k x[n] + v_{k+1}[n-1], \quad k=1,2,\cdots,M-1$
22:     vk[order-1] = hk[order]*xn;  ←  $v_M[n] = h_M x[n]$
23:
24:     return yn;
25: }
26:
27: void AdcIsr()
28: {                              「転置形 FIR フィルタ」を実行する「関数」
29:     float xn = myAdDa_.Input();            // 入力
30:     float yn = FirTransposed(xn, HK_, vk_, ORDER_); // フィルタの処理
31:     myAdDa_.Output(yn);                    // 出力
32: }
33:
34: int main()
35: {
36:     printf("\r\n直接形に対する転置形の FIR フィルタを実行します\r\n");
37:
38:     // 遅延器のクリア
39:     for (int k=0; k<ORDER_; k++) vk_[k] = 0;
40:
41:     myAdDa_.Start(&AdcIsr);    // 標本化を開始する
42:     while (true) {}
43: }
```

[リスト解説]

　8行目の「インクルード文」で読み込むファイル「FirCoefficients.hpp」には、フィルタの「係数」が記述されており、その内容は**リスト2**と同じです。

　14行目の配列「vk_[ORDER_]」は、計算の途中結果が格納される「遅延器」に相当するものです。

　17〜25行目は「転置形FIRフィルタ」の処理に対応する関数「FirTransposed()」で、この中で行なっている処理は、**式(4)**の上の式から順に対応しています。

※プログラムの実行結果は「直接形FIRフィルタ」と同じなので、省略します。

「FIR フィルタ」を単独で使うような用途では、「FIR フィルタ」の処理を関数として実現しても、大きな問題はありません。

しかし、「FIR フィルタ」を、ある大きな処理システムに組み込んで使う場合、初期化や作業領域の管理などを考えると、「クラス」にするのが、いろいろな意味で扱いやすくなります。

そこで、この節では、「直接形 FIR フィルタ」の「クラス」を作り、それを利用するプログラムを作ります。

■ 4.5.1 「直接形 FIR フィルタ」の「クラス」

リスト4には、「直接形 FIR フィルタ」に対応する「クラス」の定義を示します。

リスト4　IODSP_FirDirectClass¥FirDirect.hpp
「直接形 FIR フィルタ」に対応する「FirDirect クラス」

```
 7: #include "Array.hpp"          ←「配列」として使える「テンプレート・クラス」である
 8: using Mikami::Array;            「Array クラス」がこの中で定義されている
 9:
10: #ifndef FIR_DIRECT_HPP        「Array クラス」は「Mikami」という「名前空間」で定義されて
11: #define FIR_DIRECT_HPP        いるが、この「クラス」を使うたびに「Mikami::Array」と書か
12:                                なくてもよいようにするための「using 文」
13: class FirDirect
14: {
15: public:
16:     // コンストラクタ           「xk_」は「float 型」の「オブジェクト」なので、
17:     //    hm     フィルタの係数  このように「リテラル定数」を記述する場合、
18:     //    order  フィルタの次数  「float 型」であることが「コンパイラ」が認識で
19:     FirDirect(const float hm[], int order)   きるように、「f」または「F」を付けることが必須
20:         : hk_(order+1, hm), xk_(order+1, 0.0f), ORDER_(order) {}
21:
22:     virtual ~FirDirect() {}
23:
24:     // FIR フィルタの実行
25:     float Execute(float xn)
26:     {
27:         xk_[0] = xn;
28:         float yn = 0;
29:         for (int k=0; k<=ORDER_; k++) yn += hk_[k]*xk_[k];  ←「差分方程式」$y[n] = \sum_{k=0}^{M} h_k x[n-k]$ に対応する処理
30:
31:         // 遅延器のデータの移動
32:         for (int k=ORDER_; k>0; k--) xk_[k] = xk_[k-1];
33:
34:         return yn;
35:     }
36:
37:     // 遅延器のクリア
38:     void Clear() { xk_.Fill(0.0f); }
39:
40:     // 係数の割り当て
41:     void SetCoefficients(const float hm[]) { hk_.Assign(hm); }
42:                        入力信号が格納される「遅延器」に相当する「配列」
43: private:
44:     Array<float> hk_;   // フィルタの係数
45:     Array<float> xk_;   // 遅延器
46:     const int ORDER_;   // 次数
47:
48:     // コピー・コンストラクタ，代入演算子の禁止のため
49:     FirDirect(const FirDirect&);
50:     FirDirect& operator=(const FirDirect&);
51: };
52: #endif  // FIR_DIRECT_HPP
```

この「FirDirectクラス」の中の「メンバ」(member)として、「配列」が必要となり、フィルタの「次数」に応じて、この「配列」のサイズを設定する必要がありますが、通常の「配列」では、それができません。

一方、メモリを「ヒープ領域」に「動的」に確保して「配列」として使えば、確保する際にサイズも設定できますが、問題が起きないようなプログラムを作るのは、結構大変です。

そこで、ここでは筆者の作った、「配列」として使える「テンプレート・クラス」の「Array」[19]を使います。

この「Arrayクラス」については、「**付録A**」(PDF)で説明します。

[リスト解説]

7行目の「インクルード文」は、「Arrayクラス」を使うためのものです。

この「Arrayクラス」は、「Mikami」という「名前空間」で定義しているので、本来であれば「Arrayクラス」を使うたびに、「Mikami::Array」と書く必要があります。

しかし、これではプログラムを書く際に面倒なので、**8行目**のように「using Mikami::Array」と書いておけば、**44、45行目**のように、以降は単に「Array」と書くことが許されます。

・コンストラクタ

「コンストラクタ FirDirect()」では、フィルタの「係数」の設定、「遅延器」に対応する「配列」のサイズを設定しその内容のクリア、フィルタの「次数」の設定を行ないます。

これらは、「クラス」の「メンバ・イニシャライザ」の機能を利用して行なっているため、「コンストラクタ」には、「実行文」が必要ありません。

・デストラクタ

「~FirDirect()」は「仮想デストラクタ」で、このプログラムでは何も行ないませんが、この「FirDirectクラス」を「継承」して「派生クラス」を作る際に、問題が起こらないようにするため、念のため定義しています。

・メンバ関数 Execute()

この「メンバ関数」は、「FIRフィルタ」の処理を実行します。

処理の内容は、**リスト1**の関数「FirDirect()」で行なっている処理と、ほぼ同じです。

・メンバ関数 Clear()

この「メンバ関数」は、「遅延器」に対応する「xk_」を、「Arrayクラス」の「メンバ関数Fill()」を使って、「xk_」の内容を「0.0f」にクリアします。

通常は、「コンストラクタ」で「遅延器」に対応する「xk_」をクリアするので使いませんが、フィルタの「係数」を書き換えた場合に、「遅延器」をクリアしたい場合があるので、そのために備えてこの「メンバ関数」を作りました。

---

19 「テンプレート・クラス」の「Array」は、「Mbed」に登録しているので、これを「インポート」して使うことも可能です。

・**メンバ関数** SetCoefficients()

フィルタの「係数」の設定も「コンストラクタ」で行なうため、通常はこの「メンバ関数」は使いませんが、フィルタ処理の実行中に、フィルタの特性を変えたい場合に備えて、この「メンバ関数」を作りました。

「係数」の設定は、「Arrayクラス」の「メンバ関数Assign()」を使って行なっています。

・**その他のメンバ関数**

その他、**49行目**に「コピー・コンストラクタ」の宣言、**50行目**に「代入演算子関数」の宣言がありますが、これらは「private」な「メンバ関数」なので、これらの「メンバ関数」を外部から使おうとすると、「コンパイル」の段階で、文法的なエラーになります。

この2つの「メンバ関数」の宣言の役割は、「コピー・コンストラクタ」および「代入演算子」の使用を禁止するためのものです。

以降で出てくる「クラス」でも、基本的にはこのような宣言を、「クラス」の定義の終わりの部分に入れています。

・**データ・メンバ**

この「クラス」の「データ・メンバ」は、すべて「private」として宣言しています。

これらの「データ・メンバ」の初期化は、「コンストラクタ」の項目で説明したように、すべて「メンバ・イニシャライザ」という機能を利用して行なっています。

44、45行目の「hk_」と「xk_」は「Arrayクラス」の「オブジェクト」で、通常の「配列」と同じ方法で読み／書きができます。

「Arrayクラス」は「テンプレート・クラス」なので、使う場合は、このように「<>」の中に、「配列」の要素の「型名」を指定する必要があります。

ここでは「float型」の「配列」として使う「オブジェクト」を宣言しているので、「Array<float>」としています。

46行目の「ORDER_」は、「FIRフィルタ」の次数です。

※本書のプログラムでは、「クラス」の「データ・メンバ」の名前は、「メンバ関数」内の「ローカル変数」と区別するため、基本的に名前の後ろに「_」を付けています。

■ 4.5.2 「クラス」を利用する「直接形FIRフィルタ」のプログラム

プログラム全体が入っているフォルダ(IODSP_FirDirectClass)の様子を図7に示します。

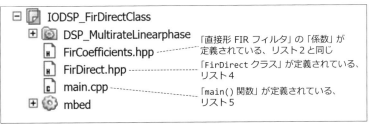

図7 「FirDirectクラス」を利用する「直接形FIRフィルタ」のプログラム
「IODSP_FirDirectClass」のファイル構成

「直接形FIRフィルタ」の「FirDirectクラス」は「FirDirect.hpp」の中で、定義され
ています。

「main.cpp」は「main()」関数を含むファイルで、その内容を**リスト5**に示します。

リスト5　IODSP_FirDirectClass¥main.cpp
「FirDirectクラス」を利用する「直接形FIRフィルタ」

```
 7: #include "MultirateLiPh.hpp"
 8: #include "FirCoefficients.hpp"
 9: #include "FirDirect.hpp"
10: #pragma diag_suppress 870    // マルチバイト文字使用の警告抑制のため
11: using namespace Mikami;
12:
13: const int FS_ = 10;              // 入力の標本化周波数： 10 kHz
14: MultirateLiPh myAdDa_(FS_);      // 出力標本化周波数を4倍にするオブジェクト
15: FirDirect fir_(HK_, ORDER_);     // FIR フィルタのオブジェクト
16:                             ┌─────────────────────────┐
                                │ これだけで「直接形 FIR フィルタ」を │
17: void AdcIsr()               │ 実行する準備が整う           │
18: {                           └─────────────────────────┘
19:     float xn = myAdDa_.Input();    // 入力
20:     float yn = fir_.Execute(xn);   // フィルタの処理
21:     myAdDa_.Output(yn);            // 出力
22: }                           ┌─────────────────────────┐
                                │ 「直接形 FIR フィルタ」を実行する  │
23:                             │ 「FirDirect クラス関数」の「メンバ関数」│
24: int main()                  └─────────────────────────┘
25: {
26:     printf("\r\n直接形 FIR フィルタを実行します\r\n");
27:     printf("FIR フィルタのクラスを使用\r\n");
28:
29:     myAdDa_.Start(&AdcIsr);    // 標本化を開始する
30:     while (true) {}
31: }
```

[リスト解説]

15行目で、「FirDirectクラス」の「オブジェクト fir_」が宣言されており、これと
8行目の「インクルード文」のファイルにある係数の定義だけで「直接形FIRフィルタ」
を実行する準備が整います。

アナログ信号の入出力とフィルタの処理は、**17～22行目**の「割り込みハンドラ」の
関数「AdcIsr()」の中で行なっており、**20行目**で、「FirDirectクラス」の「メンバ関
数Execute()」で、フィルタの処理を行なっています。

このように、「クラス」を使うと、プログラムを簡潔に作れます。

※プログラムの実行結果は、**図5**に示したものと同じになるので、省略します。

第5章 IIRフィルタ

この章では、「デジタル・フィルタ」を分類した場合のもう1つのタイプである「IIRフィルタ」について扱います。

最初に、「IIRフィルタ」についての基本的な事柄と構成法を説明し、次に「IIRフィルタ」の「係数」を求めための「IIRフィルタ」の設計方法について説明します。

この章では、「フィルタ」の部分を「関数」とするプログラムと、「クラス」とするプログラムを作ります。

また、演算精度の違いが比較できるプログラムも作ります。

5.1 「IIRフィルタ」とは

「IIR」とは「infinite impulse response」の略で、「インパルス応答」の継続時間が無限であるフィルタが「IIRフィルタ」です。

「IIRフィルタ」を作る場合は、「非巡回形」では作ることができず、必ず「巡回形」になります。

同じ程度の「減衰特性」をもつフィルタを作る場合、「FIRフィルタ」に比べて、「IIRフィルタ」では必要な計算量が、おおざっぱに言って約1桁程度少なくてすむ、という利点があります。

しかし、「IIRフィルタ」は、「FIRフィルタ」に比べて係数の誤差や演算誤差の影響が大きく現れる傾向にあり、場合によっては、不安定[20]になる場合もあるため、プログラムを作る際はいろいろと注意を払わなければなりません。

※フィルタに関する「安定」や「不安定」については、参考までにコラムで説明します。

「IIRフィルタ」に対応する「差分方程式」は、入力信号を「$x[n]$」、出力信号を「$y[n]$」とすると、次のようになります。

$$y[n] = \sum_{m=1}^{M} a_m\, y[n-m] + \sum_{k=0}^{K} b_k\, x[n-k] \qquad (1)$$

この式で、係数「$a_m\ (m=1, 2, \cdots, M)$」と「$b_k\ (k=0, 1, \cdots, K)$」は、フィルタの特性を決めるものです。

---

20 フィルタが「不安定」とは、有限の振幅の入力信号に対して、出力信号の振幅が無限大になることです。
実際には扱うことができる数値の範囲は限られているので、「不安定」なフィルタは実行中に「オーバーフロー」が発生することになります。

この式を使って、現在の出力信号「$y[n]$」を計算するためには、過去に計算された出力信号「$y[n-m],(m=1,2,\cdots,M)$」も使います。

そのため、ある時点で入力信号「$x[n]$」が「0」になり、それ以降も「0」という入力が続いても、出力信号「$y[n]$」はどこまでも「0」にならないので、「インパルス応答」の継続時間が無限になることも分かります。

ところで、この式の「M」と「K」は、異なった値でも同じ値でもかまいませんが、「$K=M$」としても一般性は失われることはありません[21]。

したがって、以降では「IIRフィルタ」に対する「差分方程式」を次の式で表わすことにします。

$$y[n] = \sum_{m=1}^{M} a_m\, y[n-m] + \sum_{m=0}^{M} b_m\, x[n-m] \tag{2}$$

式(2)に対応する伝達関数「$H(z)$」は、次のようになります[22]。

$$H(z) = \frac{\displaystyle\sum_{m=0}^{M} b_m\, z^{-m}}{\displaystyle 1 - \sum_{m=1}^{M} a_m\, z^{-m}} \tag{3}$$

5.2 「IIRフィルタ」の構成

「IIRフィルタ」にはいろいろな構成方法が知られており、代表的なものには「直接形(direct form)」「縦続形(cascade form)」「並列形(parallel form)」「格子形(lattice form)」および、それらの「転置形(transposed form)」があります。

この章では、「**直接形**」と「**縦続形**」の構成のプログラムを作るので、この2つについて説明します。

※他のタイプは省略します。文献[23]の第3章などを参考にしてください.

21 「$K \neq M$」の場合であっても、「$K=M$」としていくつかの係数が「0」と考えればよいので、式の上では、「$K=M$」としても一般性は失われません。

22 「$x[n]$」の「z変換」を「$X(z)$」「$y[n]$」の「z変換」を「$Y(z)$」と仮定します。さらに、第3章のAppendixの「伝達関数」の項目で説明しているように、「z変換」は「線形性」が成り立つ変換であり、「$f[n]$」の「z変換」を「$F(z)$」とすると、「$f[n-k]$」の「z変換」は「$F(z)z^{-k}$」になります。

したがって、**式(2)**の両辺を「z変換」すると、

$$Y(z) = \sum_{m=1}^{M} a_m\, Y(z) z^{-m} + \sum_{m=0}^{M} b_m\, X(z) z^{-m}$$

と表わすことができます。

一方、伝達関数「$H(z)$」は「$H(z)=Y(z)/X(z)$」で定義されるので、ここから、**式(3)**を導くことができます。

23 三上直樹："はじめて学ぶディジタル・フィルタと高速フーリエ変換"、CQ出版社、初版2005年(第11版、2020年).

● 直接形のIIRフィルタ

「直接形」は最も基本的な構成法ですが、「係数」の誤差や演算誤差の影響を受けやすく、特に、次数[24]が高ければ高いほど、それらの誤差の影響が大きくなるという欠点があることが知られています。

そのため、「直接形」を使う場合は、データを表現する精度や演算精度を高くする必要があるので、演算精度を高くできない場合は、「直接形」を使わないほうがよいでしょう。

「直接形」にはいくつかの変形がありますが、以下では、「直接形Ⅰ」「直接形Ⅱ」の2種類について説明します。

そのほかに、「IIRフィルタ」の場合も「FIRフィルタ」と同様に「転置形」がありますが、この章では「転置形」の「IIRフィルタ」のプログラムは作らないので、説明は省略します。

＜直接形Ⅰ＞

式(2)の「差分方程式」と一対一に対応するのが「直接形Ⅰ」で、その「ブロック図」を図1に示します。

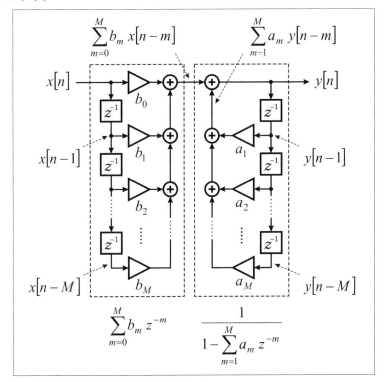

図1 「直接形Ⅰ」の「IIRフィルタ」の「ブロック図」

---

24 **式(2)** や**式(3)** の「M」が「次数」に相当します。

＜直接形Ⅱ＞

「直接形Ⅰ」は、「$\displaystyle\sum_{m=0}^{M} b_m x[n-m]$」を計算する部分と、「$\displaystyle\sum_{m=1}^{M} a_m y[n-m]$」を計算する部分の2つのブロックに分けることができます。

「前のブロックの伝達関数」を「$N(z)$」とし、「後ろのブロックの伝達関数」を「$1/D(z)$」とすると、全体の「伝達関数 $H(z)$」は、次のように書くことができます。

$$H(z) = N(z) \times \frac{1}{D(z)} \tag{4}$$

ところで、「行列」(matrix)などは除きますが、通常の「数」の「乗算」では、「数」の順番を変えても同じ結果になります。

そこで、**式(4)** を**式(5)** のように書き換えても、フィルタの「伝達関数」は同じことになります。

$$H(z) = \frac{1}{D(z)} \times N(z) \tag{5}$$

そのため、2つのブロックを、**図2(a)** のように入れ替えても、同じ特性のフィルタになります。

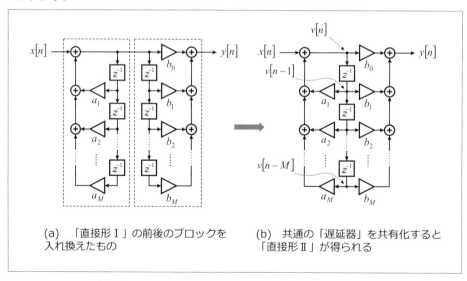

(a)　「直接形Ⅰ」の前後のブロックを入れ換えたもの

(b)　共通の「遅延器」を共有化すると「直接形Ⅱ」が得られる

図2　「直接形Ⅰ」の「ブロック図」から「直接形Ⅱ」の「ブロック図」を導く

この図では、「遅延器」は縦に2列に並んでいますが、どちらの列にも同じ信号が流れるので、遅延器を共用しても問題はないということを考慮すると、**図2(b)** に示す「直接形Ⅱ」の構成を導くことができます。

＊

「直接形II」に対応する「差分方程式」は、図2(b)の中で示している信号「$v[n]$、$v[n-1]$、……、$v[n-M]$」を使って、次のように表わせます。

$$\begin{cases} v[n] = \displaystyle\sum_{m=1}^{M} a_m v[n-m] + x[n] \\ y[n] = \displaystyle\sum_{m=0}^{M} b_m v[n-m] \end{cases} \tag{6}$$

● 縦続形のIIRフィルタ

「縦続形のIIRフィルタ」は、「直接形のIIRフィルタ」に比べて、係数の誤差や演算誤差の影響が小さいので、演算精度をあまり高くできない場合でも実用的なフィルタを作ることができます。

そのため、「IIRフィルタ」のプログラムを作る場合は、特別のことがない限り「縦続形」で作るのがよいでしょう。

＊

「縦続形」とは、図3のように、ある「基本ブロック」を「縦続接続」、つまり「一段目の出力を二段目の入力に」「二段目の出力を三段目の入力に」…という具合に接続するタイプです。

図3 「縦続接続」

「縦続形」の「IIRフィルタ」では、通常はこの「基本ブロック」を「2次のIIRフィルタ」とします。

図4には、この「基本ブロック」を「直接形II」の「2次のIIRフィルタ」とする場合の、「次数」が「M」の「縦続形IIRフィルタ」に対応する「ブロック図」を示します。

ただし、この図では「$K = M/2$」としています。

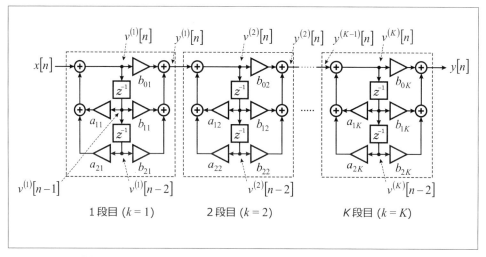

図4 「次数」が*M*の「縦続形」の「IIRフィルタ」の「ブロック図」、ただし「*K = M/2*」

　「縦続形 IIR フィルタ」の「差分方程式」は次のようになります。

$$
\begin{cases}
v^{(1)}[n] = a_{11}v^{(1)}[n-1] + a_{21}v^{(1)}[n-2] + x[n] \\
y^{(1)}[n] = b_{01}v^{(1)}[n] + b_{11}v^{(1)}[n-1] + b_{21}v^{(1)}[n-2] \\
v^{(2)}[n] = a_{12}v^{(2)}[n-1] + a_{22}v^{(2)}[n-2] + y^{(1)}[n] \\
y^{(2)}[n] = b_{02}v^{(2)}[n] + b_{12}v^{(2)}[n-1] + b_{22}v^{(2)}[n-2] \\
\qquad\vdots \\
v^{(K)}[n] = a_{1K}v^{(K)}[n-1] + a_{2K}v^{(K)}[n-2] + y^{(K-1)}[n] \\
y[n] = b_{0K}v^{(K)}[n] + b_{1K}v^{(K)}[n-1] + b_{2K}v^{(K)}[n-2]
\end{cases}
\tag{7}
$$

　この「差分方程式」に対応する「縦続形 IIR フィルタ」の「伝達関数 $H(z)$」は次のようになります。

$$
\begin{aligned}
H(z) &= \frac{b_{01} + b_{11}z^{-1} + b_{21}z^{-2}}{1 - a_{11}z^{-1} - a_{21}z^{-2}} \times \frac{b_{02} + b_{12}z^{-1} + b_{22}z^{-2}}{1 - a_{12}z^{-1} - a_{22}z^{-2}} \times \cdots \\
&\qquad\qquad \times \frac{b_{0K} + b_{1K}z^{-1} + b_{2K}z^{-2}}{1 - a_{1K}z^{-1} - a_{2K}z^{-2}} \\
&= H_1(z) \times H_2(z) \times \cdots \times H_K(z)
\end{aligned}
\tag{8}
$$

　なお、「IIRフィルタ」の「次数」が奇数の場合は、いずれか1つの「基本ブロック」を「1次のIIRフィルタ」とします。

　これは、対応する係数を「0」にすればいいので、たとえば、1段目の「基本ブロック」を「1次のIIRフィルタ」にする場合は、

$$
a_{21} = b_{21} = 0 \tag{9}
$$

とします。

5.3 「IIRフィルタ」の設計

　「IIRフィルタ」のプログラムを作る際も、フィルタの「係数」を求める必要があり、そのための、筆者の作成した「フィルタ設計用ツール」を、工学社のサイトからダウンロードできるようにしておきました。

　この「IIRフィルタの設計用ツール」は、「IIR_Design」で、これは「双一次z変換」という手法でフィルタの「係数」を設計します。

　その使い方については、「付録C」(PDF)で説明しているので、そちらを参考にしてください。

＊

　この章の「5.4」「5.5」「5.6」で作る「IIRフィルタ」は「ローパス・フィルタ」で、この「係数」は、表1のパラメータを与えて求めたものです。

表1　「5.4」「5.5」「5.6」で作る「IIRフィルタ」の設計時に与えたパラメータ

次　数	6
標本化周波数(kHz)	10
遮断周波数(Hz)	355
振幅特性の形状	連立チェビシェフ特性
通過域/阻止域の種類	低域通過フィルタ
通過域のリップル(dB)	0.5
阻止域の減衰量(dB)	40

　このパラメータは、「直接形IIRフィルタ」を作ったときに、誤算影響がはっきりと確認できるように選んでいます。

　「IIRフィルタの設計用ツール」には、設計した「IIRフィルタ」の「振幅特性」が表示されるので、表1のパラメータを与えて設計したときの様子を図5に示します。

図5　この章で作る「IIRフィルタ」の「係数」を設計した際の設計用ツール「IIR_Design」の画面の様子

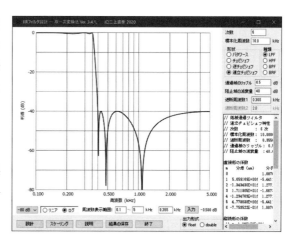

<table>
<tr><td>**5.4**</td><td>**「直接形IIRフィルタ」のプログラム**</td></tr>
</table>

「直接形IIRフィルタ」は、誤差の影響を大きく受けるので、「float型」と「double型」の精度でプログラムを作り、その影響を比較します。

　フィルタの構成ですが、「直接形Ⅱ」は「直接形Ⅰ」に比べ、「遅延器」の数が減るので、それだけ「遅延器」のデータの移動にかかる時間が少なくて済むことから、ここでは「直接形Ⅱ」を使います。

■5.4.1　「float型」の精度の場合

　プログラム全体が入っているフォルダ(IODSP_IirDirectFloat)の様子を**図6**に示します。

```
☐ 🗐 IODSP_IirDirectFloat
    ⊞ 🔲 DSP_MultirateLinearphase
       🗎 IirDirectCoefficientsFloat.hpp ----「直接形 IIR フィルタ」の「係数」が
                                              定義されている、リスト2
       🗎 main.cpp ---------------------------「main() 関数」が定義されている、
    ⊞ ⚙ mbed                                  リスト1
```

図6　「直接形IIRフィルタ」のプログラム「IODSP_IirDirectFloat」のファイル構成

●「main.cpp」の内容

　「main()」関数を含む「main.cpp」の内容を**リスト1**に示します。

リスト1　IODSP_IirDirectFloat¥main.cpp
「直接形IIRフィルタ」ー「float型」の精度の場合。

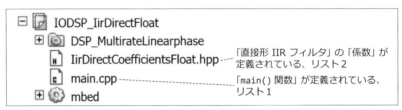

```
 7: #include "MultirateLiPh.hpp"
 8: #include "IirDirectCoefficientsFloat.hpp"    ← 「直接形 IIR フィルタ」の係数が定義されている
 9: #pragma diag_suppress 870    // マルチバイト文字使用の警告抑制のため
10: using namespace Mikami;
11:
12: const int FS_ = 10;              // 入力の標本化周波数： 10 kHz
13: MultirateLiPh myAdDa_(FS_);      // 出力標本化周波数を4倍にするオブジェクト
14: float vk_[ORDER_+1];             // 遅延器
15:                          ← 計算の途中結果が格納される「遅延器」に相当する「配列」
16: // 直接形 IIR フィルタ
17: float IirDirectFloat(float xn, const float ak[], const float bk[],
18:                      float vk[], int order)
19: {
20:     vk[0] = xn;
21:     for (int k=0; k<order; k++) vk[0] += ak[k]*vk[k+1];
22:     float yn = 0;
23:     for (int k=0; k<=order; k++) yn += bk[k]*vk[k];
24:
25:     // 遅延器のデータの移動
26:     for (int k=order; k>0; k--) vk[k] = vk[k-1];
27:
28:     return yn;
29: }
30:
31: void AdcIsr()
32: {
33:     float xn = myAdDa_.Input();     // 入力
34:     float yn = IirDirectFloat(xn, AK_, BK_, vk_, ORDER_);    // フィルタの処理
```

行20-21に対応: $v[n] = \sum_{m=1}^{M} a_m\, v[n-m] + x[n]$ の計算に対応する処理

行22-23に対応: $y[n] = \sum_{m=0}^{M} b_m\, v[n-m]$ の計算に対応する処理

行34: 「直接形 IIR フィルタ」を実行する「関数」

```
35:      myAdDa_.Output(yn);              // 出力
36: }
37:
38: int main()
39: {
40:      printf("\r\n直接形 IIR フィルタを実行します\r\n");
41:      printf("フィルタの演算には float 型を使用\r\n");
42:
43:      // 遅延器のクリア
44:      for (int k=0; k<=ORDER_; k++) vk_[k] = 0;
45:
46:      myAdDa_.Start(&AdcIsr);          // 標本化を開始する
47:      while (true) {}
48: }
```

[リスト解説]

　8行目の「インクルード文」で読み込むファイル「IirDirectCoefficientsFloat.hpp」には、フィルタの「係数」が記述されています。

　14行目の配列「vk_[ORDER_+1]」は、計算の途中結果が格納される「遅延器」に相当するものです。

　17～29行目の関数「IirDirectFloat()」が「直接形Ⅱ」の「IIRフィルタ」の処理に対応するものです。

　20、21行目が、式(6)の最初の式に対応する処理で、22、23行目が、式(6)の二番目の式に対応する処理になります。

　最後に、26行目で、「遅延器」内のデータを1つずつ移動します。

　「main()」関数の中で忘れてはならない処理が、44行目の処理で、これは遅延器に相当する配列「vk_」の内容をクリアする処理です。

● 「IirDirectCoefficientsFloat.hpp」の内容

　「IirDirectCoefficientsFloat.hpp」はフィルタの「係数」と「次数」を定義したファイルで、その内容を、リスト2に示します。

リスト2　IODSP_IirDirectFloat¥IirDirectCoefficientsFloat.hpp
「直接形IIRフィルタ」の「係数」―「float型」の精度の場合。

```
 6: // 低域通過フィルタ
 7: // 連立チェビシェフ特性
 8: // 次数       ： 6 次
 9: // 標本化周波数 : 10.0000 kHz
10: // 遮断周波数  :  0.3550 kHz
11: // 通過域のリップル: 0.50 dB
12: // 阻止域の減衰量 : 40.00 dB
13:
14: const int ORDER_ = 6;         ← 「次数」
15: const float AK_[] = { 5.659169E+00f, -1.343430E+01f,  1.711905E+01f,
                                          「a_1」            「a_2」
16:                      -1.234763E+01f,  4.779038E+00f, -7.753522E-01f};
17: const float BK_[] = { 1.007630E-02f, -5.441180E-02f,  1.277166E-01f,
18:                      -1.667359E-01f,  1.277166E-01f, -5.441180E-02f,
19:                       1.007630E-02f};   「b_0」          「b_1」
```

● プログラムの実行結果

このプログラムを実行した際の入出力波形を、自作の「オシロスコープ」に表示した様子を**図7**に示します。

このときの「オシロスコープ」には、5回分の波形を重ねて示しています。

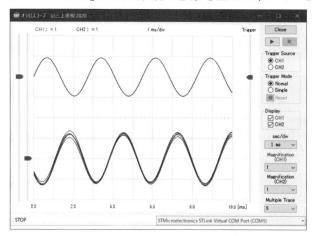

図7 「直接形IIRフィルタ」を「float型」の精度で作った場合の入出力波形の様子
（上：入力信号の波形、下：出力信号の波形）

この図は、「365 Hz」の「正弦波」を入力した場合の波形ですが、出力波形が演算誤差の影響を受け、大きく揺らいでいることが分かります。

さらに、この図は、ここで作ったフィルタの「遮断周波数」である355 Hzよりも高い、365 Hzの周波数の「正弦波」を入力した場合ですが、出力の「振幅」は入力の「振幅」よりも大きくなっており、「係数」の誤差の影響も受けていることが分かります。

＊

「係数」の誤差の影響を確かめるため、**図8**には、「係数」を「float型」にした場合と「double型」にした場合の「振幅特性」を示します。

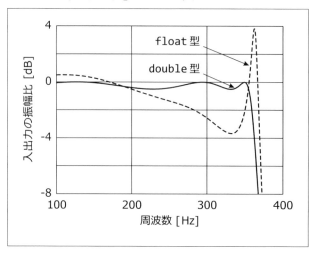

図8 図5に「振幅特性」示すフィルタの「係数」が「double」型と「float」型の場合の「振幅特性」の違い（通過域を拡大）

　この図から、「係数」を「float型」にした場合、360 Hz付近で、「入出力の振幅比」が0 dB以上になっていることが分かり、これで図7に示すように、出力信号の「振幅」が入力信号の「振幅」よりも大きくなっていることが説明できます。

■ 5.4.1 「double型」の精度の場合

　「float型」の精度で作ったプログラムは、問題があることが分かったので、次に「double型」の精度でプログラムを作ります。

　リスト3に「main()」関数を含む「main.cpp」の内容を示します。

リスト3　IODSP_IirDirectDouble¥main.cpp
「直接形IIRフィルタ」ー「double型」の精度の場合

```
 7: #include "MultirateLiPh.hpp"
 8: #include "IirDirectCoefficientsDouble.hpp"        「double形」のデータとして記述した
                                                      「直接形IIRフィルタ」の係数が定義されている
 9: #pragma diag_suppress 870    // マルチバイト文字使用の警告抑制のため
10: using namespace Mikami;
11:
12: const int FS_ = 10;              // 入力の標本化周波数：10 kHz
13: MultirateLiPh myAdDa_(FS_);      // 出力標本化周波数を4倍にするオブジェクト
14: double vk_[ORDER_+1];            // 遅延器
15:
16: // 直接形 IIR フィルタ                    計算の途中結果が格納される「遅延器」に相当する「配列」
17: float IirDirectDouble(float xn, const double ak[], const double bk[],
18:                       double vk[], int order)
19: {
20:     vk[0] = xn;
21:     for (int k=0; k<order; k++) vk[0] += ak[k]*vk[k+1];
22:     double yn = 0;
23:     for (int k=0; k<=order; k++) yn += bk[k]*vk[k];
24:
25:     // 遅延器のデータの移動
26:     for (int k=order; k>0; k--) vk[k] = vk[k-1];
27:
28:     return (float)yn;
29: }
30:
31: void AdcIsr()
32: {                                    「直接形IIRフィルタ」を実行する「関数」
33:     float xn = myAdDa_.Input();      // 入力
34:     float yn = IirDirectDouble(xn, AK_, BK_, vk_, ORDER_);  // フィルタの処理
35:     myAdDa_.Output(yn);              // 出力
36: }
37:
38: int main()
39: {
40:     printf("\r\n直接形 IIR フィルタを実行します\r\n");
41:     printf("フィルタの演算には double 型を使用\r\n");
42:
43:     // 遅延器のクリア
44:     for (int k=0; k<=ORDER_; k++) vk_[k] = 0;
45:
46:     myAdDa_.Start(&AdcIsr);       // 標本化を開始する
47:     while (true) {}
48: }
```

$v[n] = \sum_{m=1}^{M} a_m\, v[n-m] + x[n]$ の計算に対応する処理

$y[n] = \sum_{m=0}^{M} b_m\, v[n-m]$ の計算に対応する処理

　　　　　は、リスト1と異なる部分

　このリストでは、**リスト1**と異なっている箇所に、網掛けしています。

　リスト3のプログラムで使っているフィルタの「係数」の「ソース・リスト」は、**リスト2**の「`float`」が「`double`」に置き換わり、さらに「係数」の桁数が多くなっただけなので、省略します。

　この「係数」の状態を知りたい場合は、**リスト3**と同じフォルダの「IirDirect CoefficientsDouble.hpp」を参照してください。

　このプログラムの実行結果を、**図7**に示した波形を観測したのと同じ条件で、自作の「オシロスコープ」に表示した波形を**図9**に示します。
　このときの「オシロスコープ」には、**図7**の場合と同様に、5回分の波形を重ねて示しています。

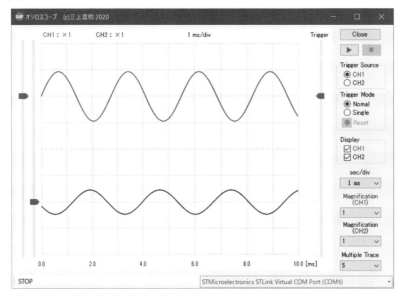

図9　「直接形IIRフィルタ」を「double型」の精度で作った場合の入出力波形の様子
（上：入力信号の波形、下：出力信号の波形）

　これで分かるように、波形の「ゆらぎ」がなく、出力信号の振幅が入力信号の振幅よりも大きくなっていないので、「係数」の誤差や演算誤差の問題が解決されていることが分かります。

＊

　ところで、本書で使っている「マイコン」は、「`double`型」の演算時間は、「`float`型」の演算時間に比べて、1桁程度長くなるので、「リアルタイム処理」に「`double`型」の演算は使いたくないところです。
　それを解決するのが、「縦続形IIRフィルタ」です。

5.5 「縦続形IIRフィルタ」のプログラム ー「クラス」を使わない方法

最初に、「縦続形IIRフィルタ」の処理を「関数」として記述するプログラムを作り、次の節では、「縦続形IIRフィルタ」の処理を「クラス」で実現するプログラムを作ります。

■5.5.1 プログラムで作る「縦続形IIRフィルタ」の構成の「ブロック図」

「縦続形IIRフィルタ」の構成の「ブロック図」は、すでに図4に示していますが、ここで作るプログラムでは、計算量を減らすため、「$b_{01} = b_{02} = \cdots = b_{0K} = 1$」のようにしています。

そのため、入力の部分に新たに、通常「利得定数」と呼ばれている「g_0」を「係数」とする「乗算器」を追加しています。

*

作るプログラムは6次の「縦続形IIRフィルタ」なので、そのプログラムに対応する「ブロック図」を図10に示します。

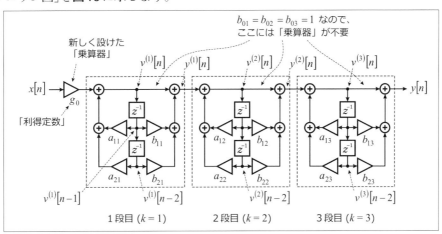

図10 リスト5、9のプログラムに対応する「縦続形IIRフィルタ」の「ブロック図」

この「ブロック図」に対応する「差分方程式」を式(10)に示します。

$$\begin{cases} v^{(1)}[n] = a_{11}v^{(1)}[n-1] + a_{21}v^{(1)}[n-2] + g_0 x[n] \\ y^{(1)}[n] = v^{(1)}[n] + b_{11}v^{(1)}[n-1] + b_{21}v^{(1)}[n-2] \\ v^{(2)}[n] = a_{12}v^{(2)}[n-1] + a_{22}v^{(2)}[n-2] + y^{(1)}[n] \\ y^{(2)}[n] = v^{(2)}[n] + b_{12}v^{(2)}[n-1] + b_{22}v^{(2)}[n-2] \\ v^{(3)}[n] = a_{13}v^{(3)}[n-1] + a_{23}v^{(3)}[n-2] + y^{(2)}[n] \\ y[n] = v^{(3)}[n] + b_{13}v^{(3)}[n-1] + b_{23}v^{(3)}[n-2] \end{cases} \tag{10}$$

プログラム全体が入っているフォルダ（IODSP_IirCascade）の様子を図11に示します。

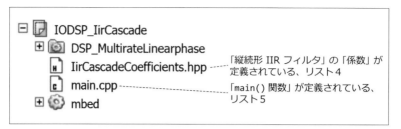

図11 「縦続IIRフィルタ」のプログラム「IODSP_IirCascade」のファイル構成

「main.cpp」は「main()関数」を含むファイルで、「IirCascadeCoefficients.hpp」には
フィルタの「係数」などが記述されています。

■5.5.2 「IirCascadeCoefficients.hpp」の内容

「IirCascadeCoefficients.hpp」の内容を**リスト4**に示します。

作るフィルタは、**リスト1、3**と同じ振幅特性ですが、構成法が違うので、「係数」の
書き方は、**リスト2**とは違っています。

リスト4 IODSP_IirCascade¥IirCascadeCoefficients.hpp
「縦続形IIRフィルタ」の「係数」、リスト5のプログラムで使用

```
 6: // 低域通過フィルタ
 7: // 連立チェビシェフ特性
 8: // 次数    :  6 次
 9: // 標本化周波数:  10.0000 kHz
10: // 遮断周波数 :   0.3550 kHz
11: // 通過域のリップル:  0.50 dB
12: // 阻止域の減衰量  :40.00 dB
13:
14: const int ORDER_ = 6;
15: const int N_SECTS_ = (ORDER_ + 1)/2;
16: struct Coefs { float a1, a2, b1, b2; };
17: const Coefs CK_[] = {{ 1.827178E+00f, -8.417913E-01f, -1.555596E+00f, 1.0f},
18:                      { 1.896152E+00f, -9.344180E-01f, -1.909019E+00f, 1.0f},
19:                      { 1.935839E+00f, -9.857197E-01f, -1.935366E+00f, 1.0f}};
20: const float G0_ = 1.007630E-02f;
```

「a_{11}」 「a_{21}」 「b_{11}」 「b_{21}」
「a_{13}」 「a_{23}」 「b_{13}」 「b_{23}」
「g_0」

[リスト解説]

「係数」の部分は、「2次元配列」でも書けますが、プログラムが分かりにくくなるの
で、ここでは、「係数」に対応する「構造体Coefs」を**16行目**で定義して、基本ブロッ
クの部分の「係数」全体を、**17〜19行目**のように、「構造体Coefs」の「1次元配列」で定
義しています。

20行目の「G0_」は、**図10**の「利得定数 g_0」に対応するものです。

■ 5.5.3 「main.cpp」の内容

「main.cpp」の内容を**リスト5**に示します。

リスト5　IODSP_IirCascade¥main.cpp
「縦続IIRフィルタ」―「クラス」を使わない場合

```
 7: #include "MultirateLiPh.hpp"
 8: #include "IirCascadeCoefficients.hpp"        「縦続形 IIR フィルタ」の係数が定義されている
 9: #pragma diag_suppress 870    // マルチバイト文字使用の警告抑制のため
10: using namespace Mikami;
11:
12: const int FS_ = 10;           // 入力の標本化周波数： 10 kHz
13: MultirateLiPh myAdDa_(FS_);   // 出力標本化周波数を4倍にするオブジェクト
14: struct Delay { float vn1, vn2; };         「遅延器」に対応する「構造体」の定義
15: Delay vk_[N_SECTS_];          遅延器
16:                              計算の途中結果が格納される「遅延器」に相当する「配列」
17: // 縦続形 IIR フィルタ
18: float IirCascade(float xn, const Coefs ck[], float g0, Delay vk[], int nSects)
19: {
20:     float vn0;
21:     float yn = g0*xn;
22:     for (int k=0; k<nSects; k++)
23:     {
24:         vn0 = ck[k].a1*vk[k].vn1 + ck[k].a2*vk[k].vn2 + yn;
25:         yn = vn0 + ck[k].b1*vk[k].vn1 + ck[k].b2*vk[k].vn2;
26:
27:         // 遅延器のデータの移動
28:         vk[k].vn2 = vk[k].vn1;
29:         vk[k].vn1 = vn0;
30:     }
31:     return yn;
32: }
33:
34: void AdcIsr()
35: {
36:     float xn = myAdDa_.Input();      // 入力
37:     float yn = IirCascade(xn, CK_, G0_, vk_, N_SECTS_); // フィルタの処理
38:     myAdDa_.Output(yn);              // 出力
39: }
40:
41: int main()
42: {
43:     printf("\r\n縦続形 IIR フィルタを実行します\r\n");
44:
45:     // 遅延器のクリア
46:     for (int k=0; k<N_SECTS_; k++) vk_[k] = (Delay){ 0.0f, 0.0f };
47:
48:     myAdDa_.Start(&AdcIsr);      // 標本化を開始する
49:     while (true) {}
50: }
```

24行目注記: $v^{(k)}[n] = a_{1k}v^{(k)}[n-1] + a_{2k}v^{(k)}[n-2] + y^{(k-1)}[n]$ の計算に対応する処理

25行目注記: $y^{(k)}[n] = v^{(k)}[n] + b_{1k}v^{(k)}[n-1] + b_{2k}v^{(k)}[n-2]$ の計算に対応する処理

37行目注記: 「縦続形 IIR フィルタ」を実行する「関数」

[リスト解説]

14行目の「構造体 Delay」は「遅延器」に対する「構造体」です。

「遅延器」を「構造体」として定義するのは、**リスト4**でプログラムを分かりやすくするため、「係数」に対応する「構造体」を定義しているのと同じ理由です。

15行目で宣言している「配列 vk_」が、「構造体 Delay」の「1次元配列」です。

18～32行目の関数「IirCascade()」が「縦続形IIRフィルタ」の処理に対応します。

■5.5.4 プログラムの実行結果

　プログラムを実行したときの、入出力の波形を、**図7**に示した波形を観測したのと同じ条件で、自作の「オシロスコープ」に表示した波形を**図12**に示します。

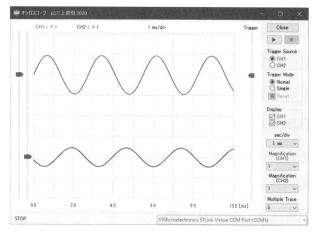

図12　「縦続形IIRフィルタ」を「float型」の精度で作った場合の入出力波形の様子。
（上：入力信号の波形、下：出力信号の波形）

　この図から分かるように、波形のゆらぎがなく、出力信号の振幅が入力信号の振幅よりも大きくなっていないので、「縦続形IIRフィルタ」は、「係数」を「float型」で定義し、演算を「float型」の精度で実行しても、誤差や演算誤差の影響が少ないことが確認できました。

5.6　「縦続形IIRフィルタ」のプログラム ー「クラス」を使う方法

　「縦続形IIRフィルタ」も「直接形FIRフィルタ」のように、ある大きな処理システムに組み込んで使うことが考えられます。

　そのような場合に便利なように、「縦続形IIRフィルタ」に対応する「クラス」と、それを利用するプログラムを作ります。

＊

　プログラム全体が入っているフォルダ（IODSP_IirCascadeClass）の様子を**図13**に示します。

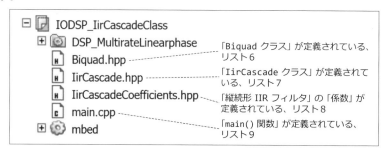

図13　「縦続IIRフィルタ」の「クラス」を利用する「縦続IIRフィルタ」の
プログラム「IODSP_IirCascadeClass」のファイル構成

　「IirCascadeCoeffisients.hpp」は、「縦続形 IIR フィルタ」の「係数」が定義されているファイルです。
　「クラス」が定義されているファイルは、「Biquad.hpp」と「IirCascade.hpp」です。

　「縦続形 IIR フィルタ」に対応する「クラス」は次の２つに分けて作ります。
① 「Biquad クラス」
② 「IirCascade クラス」

　「Biquad クラス」は、**図4**の「基本ブロック」に対応するもので、「直接形 II」の「2次の IIR フィルタ」を実現するものです。
　「IirCascade クラス」は「Biquad クラス」の「オブジェクト」を組み合わせて、「縦続形 IIR フィルタ」の全体を実現するものです。

■5.6.1 Biquad クラス

　「Biquad クラス」が定義されている「Biquad.hpp」の内容を、**リスト6**に示します。

リスト6　IODSP_IirCascadeClass¥Biquad.hpp
図4の「基本ブロック」に対応する「Biquad クラス」

```
 8: #include "mbed.h"
 9:
10: #ifndef IIR_BIQUAD_HPP
11: #define IIR_BIQUAD_HPP
12:
13: class Biquad
14: {
15: public:
16:     // フィルタの係数に対応する構造体
17:     struct Coefs { float a1, a2, b1, b2; };
18:
19:     // デフォルト・コンストラクタ
20:     //      係数は構造体 Ceofs で与える
21:     Biquad(const Coefs ck = (Coefs){0, 0, 0, 0})
22:         : a1_(ck.a1), a2_(ck.a2), b1_(ck.b1), b2_(ck.b2),
23:           vn1_(0), vn2_(0) {}
24:
25:     // 係数を個別に与えるコンストラクタ
26:     Biquad(float a1, float a2, float b1, float b2)
27:         : a1_(a1), a2_(a2), b1_(b1), b2_(b2), vn1_(0), vn2_(0) {}
28:
29:     virtual ~Biquad() {}
30:
31:     // 2 次のフィルタを実行する
32:     float Execute(float xn)
33:     {
34:         float vn = xn + a1_*vn1_ + a2_*vn2_;
35:         float yn = vn + b1_*vn1_ + b2_*vn2_;
36:
37:         vn2_ = vn1_;
38:         vn1_ = vn;
39:
40:         return yn;
41:     }
42:
```

17行目の注釈：「係数」に対応する「構造体」の定義

21行目の注釈：「複合リテラル」の機能を使い、「構造体 Coefs」の4つの「メンバ」が「0」という「リテラル」を生成

34行目の注釈：$v^{(k)}[n] = a_{1k}v^{(k)}[n-1] + a_{2k}v^{(k)}[n-2] + y^{(k-1)}[n]$ の計算に対応する処理

35行目の注釈：$y^{(k)}[n] = v^{(k)}[n] + b_{1k}v^{(k)}[n-1] + b_{2k}v^{(k)}[n-2]$ の計算に対応する処理

37・38行目の注釈：「遅延器」のデータの移動

```
43:     // 係数を設定する
44:     void SetCoefs(const Coefs ck)◄------┐ 実行中に「係数」を変えたい場合に
45:     {                                    │ 使用する「メンバ関数」
46:         a1_ = ck.a1;
47:         a2_ = ck.a2;
48:         b1_ = ck.b1;
49:         b2_ = ck.b2;
50:     }
51:
52:     // 内部変数（遅延器）のクリア
53:     void Clear() { vn1_ = vn2_ = 0; } ◄------┐ 実行中に「遅延器」をクリアしたい
54:                                               │ 場合に使用する「メンバ関数」
55: private:
56:     float a1_, a2_, b1_, b2_;    // フィルタの係数
57:     float vn1_, vn2_;            // 遅延器
58:
59:     // コピー・コンストラクタ禁止
60:     Biquad(const Biquad&);
61: };
62: #endif  // IIR_BIQUAD_HPP
```

［リスト解説］

・構造体Coefs

　17行目の「Coefs」は、**図10**に示す1つの「基本ブロック」の「係数」に対応する「構造体」です。

・コンストラクタ

　「コンストラクタ」は2つ作ります。

　1つ目の「コンストラクタ」は、**21～23行目**の「引数」を「構造体Coefs」で与える「コンストラクタ」で、この「コンストラクタ」は「引数」の「既定値」を定義しているので、「デフォルト・コンストラクタ」になります。

　※なお、この「既定値」は「複合リテラル」を使って指定しています。

　2つ目の「コンストラクタ」は、**26、27行目**の「コンストラクタ」で、「引数」は四つの「係数」を個別に与えるようにしています。

　いずれの「コンストラクタ」も、「データ・メンバ」の設定は、「メンバ・イニシャライザ」で行なっているので、「実行文」はありません。

・メンバ関数Execute()

　この「メンバ関数」は、**図10**に示す1つの「基本ブロック」に対応する処理を実行します。

・メンバ関数SetCoefs()

　フィルタの「係数」に対応する「データ・メンバ」の「a1_」「a2_」「b1_」「b2_」の設定は、「コンストラクタ」で行なうため、通常はこの「メンバ関数」は使いませんが、フィルタ処理の実行中に、フィルタの特性を変えたい場合に備えて、この「メンバ関数」を作りました。

・メンバ関数 `Clear()`

　フィルタの「遅延器」に対応する「データ・メンバ」の「vn1_」「vn1_」の設定も「コンストラクタ」で行なうため、通常はこの「メンバ関数」も使いませんが、フィルタ処理の実行中に、フィルタの特性を変えたい場合に備えて、この「メンバ関数」を作りました。

・データ・メンバ

　この「クラス」の「データ・メンバ」は、すべて「private」として宣言しています。

　これらの「データ・メンバ」の初期化は、「コンストラクタ」の項目で説明したように、すべて「メンバ・イニシャライザ」という機能を利用して行なっています。

　「a1_」「a2_」「b1_」「b2_」はフィルタの「係数」に対応する「データ・メンバ」で、「vn1_」「vn1_」はフィルタの「遅延器」に対応する「データ・メンバ」です。

■ 5.6.2　IirCascadeクラス

　「IirCascadeクラス」が定義されている「IirCascade.hpp」の内容を、**リスト7**に示します。

リスト7　IODSP_IirCascadeClass¥IirCascade.hpp
「Biquadクラス」で作る「縦続形IIRフィルタ」用の「IirCascadeクラス」

```
 7: #include "Biquad.hpp"
 8: #include "Array.hpp"    // Array クラスが定義されている
 9: using Mikami::Array;
10:
11: #ifndef IIR_CASCADE_HPP
12: #define IIR_CASCADE_HPP
13:
14: class IirCascade
15: {
16: public:
17:     // コンストラクタ
18:     IirCascade(int order, const Biquad::Coefs ck[], float g0)    ◀┄┄┄  フィルタの「係数」を「Biquad::Coefs 構造体」の「配列」で与える「コンストラクタ」
19:         : order_(order), hn_((order+1)/2)
20:     { SetCoefs(order, ck, g0); }
21:
22:     // コンストラクタ
23:     IirCascade(int order, const Biquad hk[], float g0)    ◀┄┄┄  フィルタの「係数」が定義されている「Biquad クラス」の「オブジェクト」の「配列」で初期化を行う「コンストラクタ」
24:         : order_(order), hn_((order+1)/2, hk), g0_(g0) {}
25:
26:     virtual ~IirCascade() {}
27:
28:     // フィルタ処理を実行する
29:     float Execute(float xn)
30:     {
31:         float yn = g0_*xn;
32:         for (int k=0; k<(order_+1)/2; k++) yn = hn_[k].Execute(yn);
33:         return yn;
34:     }
35:
36:     // 係数の設定
37:     void SetCoefs(int order, const Biquad::Coefs ck[], float g0)
38:     {
39:         if (order_ != order)
```

```
40:        {
41:            order_ = order;
42:            hn_.SetSize((order+1)/2);
43:        }
44:        g0_ = g0;
45:        for (int k=0; k<(order+1)/2; k++) hn_[k].SetCoefs(ck[k]);
46:    }
47:
48:    // 内部変数（遅延器）のクリア
49:    void Clear()
50:    {   for (int k=0; k<(order_+1)/2; k++) hn_[k].Clear(); }
51:
52: private:
53:        int order_;          // 次数
54:        Array<Biquad> hn_;    // Biquad クラスのオブジェクトの配列
55:        float g0_;            // 利得定数
56: };
57: #endif  // IIR_CASCADE_HPP
```

フィルタの「次数」の変更に
対応する処理

[リスト解説]

・コンストラクタ

「コンストラクタ」は、2つ作ります。

1つ目は、18～20行目の「コンストラクタ」で、「引数」を、「Biquadクラス」の内部で定義されている「構造体 Coefs」の「配列」で与える「コンストラクタ」です。

「データ・メンバ」の「order_」と「hn_」「メンバ・イニシャライザ」で設定し、係数に対応する「データ・メンバ」は「メンバ関数 SetCoefs()」で設定しています。

2つ目は、23、24行目の「コンストラクタ」で、「引数」を「Biquadクラス」の「オブジェクト」の「配列」で与える「コンストラクタ」です。

2つ目の「コンストラクタ」は、すべての「データ・メンバ」の設定を、「メンバ・イニシャライザ」で行なっているので、「実行文」はありません。

・メンバ関数 Execute()

この「メンバ関数」は、「Biquadクラス」の「メンバ関数 Execute()」を使って、「縦続形 IIR フィルタ」の処理を実行します。

・メンバ関数 SetCoefs()

フィルタ処理の実行中に、フィルタの特性を変えたい場合には、この「メンバ関数」を使って、「係数」などを設定します。

フィルタの「次数」を変える場合は、「データ・メンバ」の「hn_」のサイズを変更する必要があるので、41、42行目で、そのための処理を行なっています。

・メンバ関数 Clear()

フィルタ処理の実行中に、フィルタの特性を変える場合、「遅延器」の内容をクリアする必要があるので、そのために使う「メンバ関数」です。

・データ・メンバ

　この「クラス」の「データ・メンバ」は、すべて「private」として宣言しています。

　「order_」は、フィルタの「次数」に対応します。
　「hn_」は、「Biquadクラス」の「オブジェクト」を要素にもつ「Arrayクラス」の「オブジェクト」で、「配列」として使えます。
　「g0_」は、図10の「g_0」に対応する「利得定数」です。

■5.6.3　フィルタの「係数」

　フィルタの「係数」が定義されている「IirCascadeCoeffisients.hpp」の内容を、**リスト8**に示します。

リスト8　IODSP_IirCascadeClass¥IirCascadeCoeffisients.hpp
「IirCascade クラス」で使うためのフィルタの「係数」

```
 7: #include "Biquad.hpp"
 8:
 9: // 低域通過フィルタ
10: // 連立チェビシェフ特性
11: // 次数        ： 6 次
12: // 標本化周波数： 10.0000 kHz
13: // 遮断周波数 ：  0.3550 kHz
14: // 通過域のリップル： 0.50 dB
15: // 阻止域の減衰量  ：40.00 dB
16:                                      「g0」
17: const int ORDER_ = 6;        // 次数
18: const float G0_ = 1.007630E-02f;   // 利得定数
19:
20: // Biquad クラスの構造体 Coefs の配列で定義  「a11」 「a21」 「b11」 「b21」
21: const Biquad::Coefs CK_[] = {
22:     { 1.827178E+00f, -8.417913E-01f, -1.555596E+00f, 1.0f},  // 1段目
23:     { 1.896152E+00f, -9.344180E-01f, -1.909019E+00f, 1.0f},  // 2段目
24:     { 1.935839E+00f, -9.857197E-01f, -1.935366E+00f, 1.0f}}; // 3段目
25:
26: // Biquad クラスのオブジェクトの配列で定義  「a11」 「a21」 「b11」 「b21」
27: const Biquad HK_[] = {
28:     Biquad( 1.827178E+00f, -8.417913E-01f, -1.555596E+00f, 1.0f),   // 1段目
29:     Biquad( 1.896152E+00f, -9.344180E-01f, -1.909019E+00f, 1.0f),   // 2段目
30:     Biquad( 1.935839E+00f, -9.857197E-01f, -1.935366E+00f, 1.0f)};  // 3段目
```
「a_{13}」　「a_{23}」　「b_{13}」「b_{23}」

[リスト解説]

　この中では、**17行目**の「次数ORDER_」と**18行目**の「利得定数G0_」を除いた「係数」を2つの方法で定義しています。

　21〜24行目では、「Biquadクラス」の中で定義されている「構造体Coefs」を要素とする「配列」として定義しています。

　27〜30行目では、「Biquadクラス」の「オブジェクト」を要素とする「配列」として定義しています。

　17、18行目で「係数」を定義しているのは、例として参考になるようにするためで、実際には、どちらか1つだけ定義しておけば充分です。

■5.6.4 「main.cpp」の内容

　「main.cpp」の内容を**リスト9**に示します。

リスト9　IODSP_IirCascadeClass¥main.cpp

「IirCascadeクラス」を利用する「縦続形IIRフィルタ」

```
 7: #include "MultirateLiPh.hpp"
 8: #include "IirCascade.hpp"
 9: #include "IirCascadeCoefficients.hpp"
10: #pragma diag_suppress 870     // マルチバイト文字使用の警告抑制のため
11: using namespace Mikami;
12:
13: const int FS_ = 10;            // 入力の標本化周波数： 10 kHz
14: MultirateLiPh myAdÐa_(FS_);    // 出力標本化周波数を４倍にするオブジェクト
15: IirCascade df_(ORÐER_, CK_, G0_);   // 縦続形 IIR フィルタ
16: //IirCascade df_(ORÐER_, HK_, G0_);   // 縦続形 IIR フィルタ，これも OK
17:
18: void AdcIsr()
19: {
20:     float xn = myAdÐa_.Input();     // 入力
21:     float yn = df_.Execute(xn);     // フィルタの処理
22:     myAdÐa_.Output(yn);             // 出力
23: }
24:
25: int main()
26: {
27:     printf("\r\nIirCascade クラスを利用する縦続形 IIR フィルタを実行します\r\n");
28:
29:     myAdÐa_.Start(&AdcIsr);     // 標本化を開始する
30:     while (true) {}
31: }
```

16行目の注釈：こちらでも同じように働く

21行目の注釈：「縦続形 IIR フィルタ」を実行する「IirCascade クラス」の「メンバ関数」

[リスト解説]

　「IirCascadeクラス」の「オブジェクト」の宣言は、**15行目**と、「コメントアウト」されている**16行目**で行なっています。

　15行目は、「Biquadクラス」の中で定義されている「構造体Coefs」を要素とする「配列」を引数とする「コンストラクタ」を使った場合で、**16行目**は、「Biquadクラス」の「オブジェクト」を要素とする「配列」」を引数とする「コンストラクタ」を使った場合です。
　どちらでも、同じように動きます。

※実行結果は、図12に示したものと同じになるので、省略します。

コラム　フィルタの「安定性」

「IIRフィルタ」を作る際にはフィルタの「安定性」を考える必要があります。

「フィルタが安定である」とは、「振幅が有限の入力信号に対して、出力信号の振幅も有限になる」ということです。

「入力信号」の振幅が「有限」であるにもかかわらず、「出力信号」の振幅が「無限大」になる場合、そのフィルタは「不安定」であると言います。

「IIRフィルタ」が「安定」であるか「不安定」であるかは、理論的には「IIRフィルタ」の「伝達関数」から判定できます。

実現可能な「IIRフィルタ」は有限個の「遅延器」をもっているので、その「伝達関数」は、必ず以下のような「有理関数」(rational function) で表わせます。

$$H(z) = \frac{b_0 + b_1 z^{-1} + b_2 z^{-2} + \cdots + b_K z^{-K}}{1 - a_1 z^{-1} - a_2 z^{-2} - \cdots - b_M z^{-M}} \tag{A}$$

「安定」かどうかを判定するには、この「伝達関数」の「極」(pole) を求めます。

「極」とは、この「伝達関数」の値を無限大にするような「変数 z」のことですが、「$z=0$」に存在する「極」を除けば、この式の「分母」を「0」にするような「z」として求めることができます。

つまり、次の式の解(根)が、「極」に対応する「z」の値です。

$$1 - a_1 z^{-1} - a_2 z^{-2} - \cdots - b_M z^{-M} = 0 \tag{B}$$

「極」に対応する「z」の値を「p_k，$k=1, 2, \cdots, M$」とすると、「安定」のための条件は、次のようになります。

$$|p_k| < 1, \ k = 1, 2, \cdots, M \tag{C}$$

なお、式(B)の解(根)として求めた「極」には、「$z=0$」に存在する「極」は含まれませんが、「$z=0$」に「極」が存在しても「不安定性」にはならないので、「安定性」を考える場合は、「$z=0$」に存在する「極」を無視しても問題はありません。

第2部

応用編

第6章 「デジタル・フィルタ」の応用

この章では、「デジタル・フィルタ」を応用するプログラムを作っていきます。
(A)「音声合成器」「残響生成器」「Weaver変調器」による「周波数シフタ」は「IIRフィルタ」の応用で、(B)「ヒルベルト変換器」による「位相シフタ」を使う「周波数シフタ」は「FIRフィルタ」の応用になります。

6.1 音声合成器

「音声」は、「母音」と「子音」に分けられますが、「子音」の合成はそれほど簡単ではないので、ここでは簡単にプログラムを作れる「母音」の「合成器」を取り上げます。

■6.1.1 「母音」合成の原理

「母音」を合成する際には、「母音」を「発声」するメカニズムに従って行ないます。

＊

図1を使って、簡単に説明します。

「母音」を発声する際の音源になるのが「声帯波」で、これは「声帯」によって発生する、空気の流れの断続的な変化です。

この「声帯波」が声の通り道である「声道」を通って、口から外部へ放射され、これが「母音」として聞こえることになります。

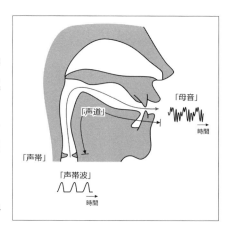

図1 「母音」を発声する様子

＊

「声道」は、一種の「音響管」なので、いろいろな周波数で「共振(共鳴)」が起きます。
この「共振」の周波数は、「声道」の形状を変えることで変化し、/ア/とか/イ/とかといった「母音」の違いは、この「共振」の周波数で決まります。

＊

「音声学」の分野では、「声道」の「共振」を「フォルマント」(formant)と呼び、その「共振周波数」を「フォルマント周波数」と呼んでいます。

「フォルマント」は、「フォルマント周波数」の低いほうから順に、「第1フォルマント」「第2フォルマント」‥‥‥ と名前が付けられており、日本語の五つの「母音」を区別する上では、「第3フォルマント」までが重要な役割を担っていることが知られています。

＊

口から放射される際の特性は、「母音」が違っても大きく変わることはなく、「高域強

調器」として働きます。

*

以上をまとめると、「母音」の「合成器」を作るためには、次の3つの要素が必要になります。

---

①「声帯波」に対応する「音源」

②「声道」に対応する「共振器」

③「口からの放射」に対応する「フィルタ」

そのため、「音声合成器」全体の構成は図2のようになります。

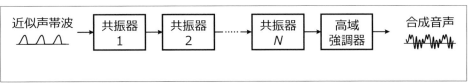

図2 「音声合成器」の基本的な構成(「母音」の場合)

●「声帯波」に対応する音源

「音源」として、最も簡単なのは「インパルス列」ですが、より人間の声に似たようにするためには実際の「声帯波」の波形に似た信号を使う必要があります。

ここでは、そのような目的でよく使われている「Rosenberg波」[25]を使います。

この波形の1周期の区間内を式で表わせば、**式(1)**のようになります。

$$
g(t) = \begin{cases} A\left\{3\left(\dfrac{t}{t_1}\right)^2 - 2\left(\dfrac{t}{t_1}\right)^3\right\}, & 0 \leq t \leq t_1 \\[2mm] A\left\{1 - \left(\dfrac{t-t_1}{t_2}\right)^2\right\}, & t_1 \leq t \leq t_1 + t_2 \\[2mm] 0, & t > t_1 + t_2 \end{cases} \tag{1}
$$

この式で、「A」は振幅を表わします。

図3に、「声帯波」の「基本周期」を「T_0」とし、「$t_1 = 0.4T_0$」「$t_2 = 0.16T_0$」とした場合の、**式(1)**で表わされる「Rosenberg波」の1周期分を示します。

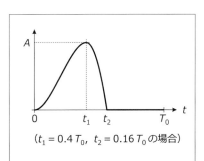

$(t_1 = 0.4\,T_0,\ t_2 = 0.16\,T_0$ の場合)

図3 「声帯波」に対応する「音源」として使う「Rosenberg波」

---

25 中田、南:"音声・画像工学"、p.4、昭晃堂、1987年.

● 声道に対応する共振器

　「共振器」は「IIRフィルタ」を使えば実現でき、よく使われる「共振器」の「ブロック図」を図4に示します。

＊

　この「ブロック図」に対する「差分方程式」は、入力信号を「$x[n]$」とし、出力信号を「$y[n]$」とすると、次のような「IIRフィルタ」になります。

$$y[n] = a_1 y[n-1] + a_2 y[n-2] + b_0 x[n] \tag{2}$$

　「共振器」の特性は、「共振周波数」と「共振の帯域幅」[26]で決まります。

　「共振の帯域幅」があまり広くない場合には、**式(2)**の「a_1」「a_2」は、「共振周波数」「F_0」と「共振の帯域幅」「B_0」から、次の式で計算できます。

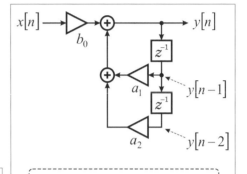

$$a_1 = 2\exp(-\pi B_0 T)\cos(2\pi F_0 T) \tag{3}$$

$$a_2 = -\exp(-2\pi B_0 T) \tag{4}$$

図4　「共振器」の「ブロック図」

$$a_1 = 2\exp(-\pi B_0 T)\cos(2\pi F_0 T)$$
$$a_2 = -\exp(-2\pi B_0 T)$$
$$b_0 = 1 - a_1 - a_2$$

　　　F_0 ：「共振周波数」
　　　B_0 ：「共振の帯域幅」

　式(2)の「b_0」の決め方はいろいろ考えられますが、通常は**式(2)**の入力に、直流を加えたときに、出力に同じ大きさの直流が現われるように、つまり周波数が「0」のときのこの「共振器」の利得が「1倍」になるように選ぶのが普通です。

　そのように決めるものとすると、「b_0」は次のようになります。

$$b_0 = 1 - a_1 - a_2 \tag{5}$$

　式(2)に対応する「伝達関数 $H(z)$」は、次の式で表わされます。

$$H(z) = \frac{b_0}{1 - a_1 z^{-1} - a_2 z^{-2}} \tag{6}$$

　図5には、「標本化周波数」が $10\,\mathrm{kHz}$（$T = 1/10{,}000$ 秒）の場合に、「$B_0 = 50\,\mathrm{Hz}$」としたときの、「$F_0 = 1, 2, 3\,\mathrm{kHz}$」の場合に対応する「共振器」の「振幅特性」を示します。

26　「帯域幅」とは、通常「利得」値が、「共振周波数」における値に対して$1/\sqrt{2}$（$-3\,\mathrm{dB}$）になる点の間の、周波数の幅として定義されます。

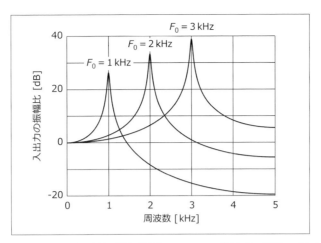

図5 「共振器」の「振幅特性」(共振帯域幅 = 50 Hz、標本化周波数 = 10 kHz)

　実際の「声道」にはいくつかの「フォルマント」つまり「共振」があるので、**図2**に示したように、ここで説明した「共振器」を「縦続接続」することで、「声道」に対応する「共振器」を作れます。

● 口からの放射に対応するフィルタ

　「口からの放射」は、「振幅特性」の傾きが約「 6 dB / oct 」であるような「高域強調器」で近似することができ、その「ブロック図」を**図6**に示します。

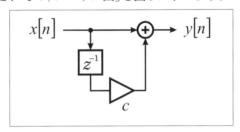

図6 「高域強調器」の「ブロック図」

　この「ブロック図」に対応する「差分方程式」は**式(7)** に示すような「FIR フィルタ」になり、「係数 c 」が「1」に近いほど、「高域」がより強調されます。

$$y[n] = x[n] - cx[n-1], \quad 0 < c \le 1 \tag{7}$$

　この「差分方程式」に対する「伝達関数 $R(z)$ 」は次のようになります.

$$R(z) = 1 - cz^{-1} \tag{8}$$

　この「高域強調器」の「振幅特性」を**図7**に示します。

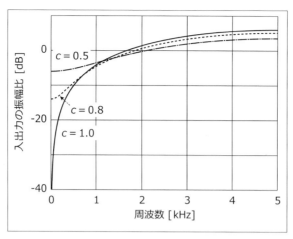

図7　「高域強調器」の「振幅特性」(標本化周波数 = 10 kHz)

■6.1.2 フォルマント周波数

　これから作る「音声合成器」のプログラムで使う「フォルマント周波数」と、その「帯域幅」を**表1**に示します。

　この表の「フォルマント周波数」は脚注に示す文献[27]を参考にし、「フォルマント」の「帯域幅」については、経験的に決めました。

表1　「音声合成器」で使用した「フォルマント周波数」(F_n、n = 1, 2, 3)と「帯域幅」(B_n、n = 1, 2, 3)、単位はHz

母音	フォルマント周波数			帯域幅		
	F_1	F_2	F_3	B_1	B_2	B_3
ア	654	1060	2375	50	55	60
イ	302	2057	3004	40	60	65
ウ	375	1208	2165	45	55	60
エ	541	1784	2452	50	60	60
オ	458	807	2379	45	50	60

27　松田、森、粕谷："ささやき母音のフォルマント構造"、日本音響学会誌、vol.56、No.7、pp.477-487、2000年7月.
　なお、この文献は「ささやき母音」に関するものですが、この文献の中に「ささやき母音」ではない通常の「母音」の「フォルマント周波数」の例も載っていたので、その数値を使用しました。

■ 6.1.3 「音声合成器」のプログラム

プログラム全体が入っているフォルダ (IODSP_VowelSynthesizer) の様子を**図8**に示します。

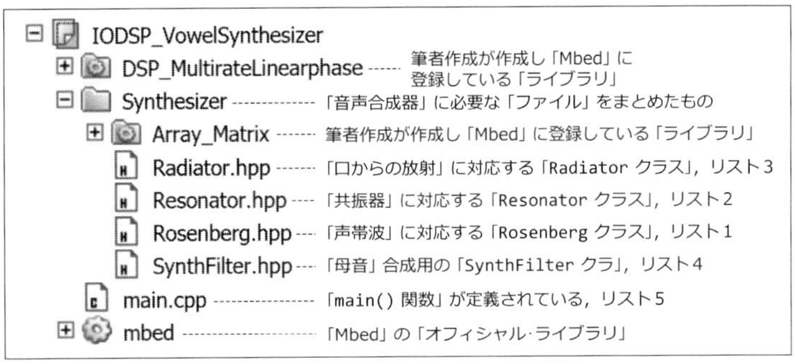

図8 「音声合成器」のプログラム「IODSP_VowelSynthesizer」のファイル構成

「音声合成器」で使う「共振器」などの要素は、「クラス」としており、**図8**の「Synthesizer」のフォルダにまとめています。

作った「クラス」は、以下の通りです。

① Rosenberg クラス
② Resonator クラス
③ Radiator クラス
④ SynthFilter クラス

● Rosenbergクラス

「Rosenbergクラス」は、「音源」として使う、近似的な「声帯波」を発生します。

「Rosenbergクラス」が定義されている「Rosenberg.hpp」の内容を、**リスト1**に示します。

リスト1　IODSP_VowelSynthesizer¥Synthesizer¥Rosenberg.hpp
「声帯音源」として使う「Rosenbergクラス」

```
 6: #ifndef ROSENBERG_HPP
 7: #define ROSENBERG_HPP
 8:
 9: class Rosenberg
10: {
11: public:
12:     // コンストラクタ
13:     //    f0:  基本周波数，単位： Hz
14:     //    amp: 振幅
15:     //    fs:  標本化周波数，単位： Hz
16:     Rosenberg(float f0, float amp, float fs)
17:         : ÐT_(1.0f/fs), t_(0), amp_(amp) { SetPeriod(f0); }
18:
19:     // Rosenberg 波の計算
20:     float Execute()
21:     {
```

```
22:        float g = 0;
23:        if (t_ < t1_)
24:        {
25:            float x = t_*t1Inv_;
26:            g = amp_*(3.0f - 2.0f*x)*x*x;
27:        }
28:        if ((t_ >= t1_) && (t_ < t1_+t2_))
29:        {
30:            float x = (t_ - t1_)*t2Inv_;
31:            g = amp_*(1.0f - x*x);
32:        }
33:        if ((t_+=ĐT_) > period_) t_ -= period_;
34:
35:        return on_ ? g : 0;
36:    }
37:
38:    // 基本周期の再設定
39:    void SetPeriod(float f0)
40:    {
41:        period_ = 1.0f/f0;
42:        t1_ = 0.4f/f0;
43:        t2_ = 0.16f/f0;
44:        t1Inv_ = 1.0f/t1_;
45:        t2Inv_ = 1.0f/t2_;
46:    }
47:
48:    // 振幅の再設定
49:    void SetAmplitude(float amp) { amp_ = amp; }
50:
51:    // Rosenberg 波の ON/OFF
52:    void On() { on_ = true; }
53:    void Off() { on_ = false; }
54:
55: private:
56:    const float ĐT_;
57:    float period_, t1_, t2_;
58:    float t1Inv_, t2Inv_;
59:    float t_, amp_;
60:    bool on_;
61:
62:    // コピー・コンストラクタ，代入演算子の使用禁止
63:    Rosenberg(const Rosenberg& g);
64:    Rosenberg& operator=(const Rosenberg& g);
65: };
66: #endif  // ROSENBERG_HPP
```

25行目・26行目に対応する式:
$$A\left\{3\left(\frac{t}{t_1}\right)^2 - 2\left(\frac{t}{t_1}\right)^3\right\}, \quad 0 \le t \le t_1$$

30行目・31行目に対応する式:
$$A\left\{1 - \left(\frac{t-t_1}{t_2}\right)^2\right\}, \quad t_1 \le t \le t_1+t_2$$

44行目・45行目の注釈:
「除算」は実行時間が長くかかるので、ここであらかじめ「逆数」を求めておき、「除算」が必要になる箇所では「逆数」を乗算する

58行目の注釈:
「t1_」、「t2_」の逆数が格納されている

[リスト解説]

・コンストラクタ

「コンストラクタ」では、「声帯波」の「基本周期」と「振幅」、および「標本化周波数」を設定します。

・メンバ関数 Execute()

式(1) を使って、近似的な「声帯波」を計算しますが、この式には、「t_1」「t_2」による除算が入っています。

本書で使っている「マイコン」では、除算のスピードがあまり速くなく、リアルタイム処理には使いたくないため、あらかじめ「コンストラクタ」で呼び出している「メンバ関数 SetPeriod()」で設定しておいた「t_1」「t_2」の逆数に相当する「t1Inv_」 「t2Inv_」を使って計算しています。

・メンバ関数 SetPeriod()

　式(1) を使って近似的な「声帯波」を計算するために必要な「データ・メンバ」を設定します。

・メンバ関数 SetAmplitude()

　「声帯波」の振幅を、「コンストラクタ」で設定された値以外の値に設定します。

・メンバ関数 On()、Off()

　これらの「メンバ関数」で、「メンバ関数 Execute()」の「戻り値」をコントロールします。

　「On()」を実行すれば、「戻り値」が「声帯波」になり、「Off()」を実行すれば、「戻り値」が「0」になります。

・データ・メンバ

　「t1Inv_」「t2Inv_」には、それぞれ式(1) の「t_1」「t_2」の逆数が設定されます。

● Resonator クラス

　「Resonator クラス」は1つの「フォルマント」に対応する「共振器」になります。

　「Resonator クラス」が定義されている「Resonator.hpp」の内容を、リスト2に示します。

リスト2　IODSP_VowelSynthesizer¥Synthesizer¥Resonator.hpp
「フォルマント」に対応する「共振器」として使う「Resonator クラス」

```
 7: #include "mbed.h"
 8:
 9: #ifndef RESONATOR_HPP
10: #define RESONATOR_HPP
11:
12: class Resonator
13: {
14: public:
15:     // 共振周波数と帯域幅に対応する構造体
16:     struct FrBw { float fr, bw; };
17:              「共振周波数」        「共振帯域幅」
18:     // デフォルト・コンストラクタ
19:     Resonator() {}
20:
21:     // 初期化を行うコンストラクタ
22:     //      fb：共振周波数と帯域幅，単位： Hz
23:     //      fs：標本化周波数，単位： Hz
24:     Resonator(FrBw fb, float fs)
25:     {
```

```
26:         Set(fb, fs);
27:         Clear();
28:     }
29:
30:     // 共振器に対応する処理の実行
31:     float Execute(float xin)
32:     {
33:         float ym = a1_*yn1_ + a2_*yn2_ + b0_*xin;
34:         yn2_ = yn1_;      // 遅延器のデータの移動
35:         yn1_ = ym;        // 遅延器のデータの移動
36:         return ym;
37:     }
38:
39:     // 共振器のパラメータの設定
40:     void Set(FrBw fb, float fs)
41:     {
42:         float piT = 3.14159265f/fs;
43:         a1_ = 2.0f*exp(-piT*fb.bw)*cos(2.0f*piT*fb.fr);
44:         a2_ = -exp(-2.0f*piT*fb.bw);
45:         b0_ = 1.0f - a1_ - a2_;
46:     }
47:
48:     // 内部の遅延器をクリア
49:     void Clear() { yn1_ = 0; yn2_ = 0; }
50:
51: private:
52:     float a1_, a2_, b0_;
53:     float yn1_, yn2_;
54:
55:     // コピー・コンストラクタ，代入演算子の使用禁止
56:     Resonator(const Resonator&);
57:     Resonator& operator=(const Resonator&);
58: };
59: #endif  // RESONATOR_HPP
```

33行目の矢印の先:

$y[n] = a_1 y[n-1] + a_2 y[n-2] + b_0 x[n]$ の計算に対応する処理

43行目の矢印の先: 式(3)に対応

44行目の矢印の先: 式(4)に対応

45行目の矢印の先: 式(5)に対応

[リスト解説]

・構造体 FrBw

　この「構造体」は、1つの「共振器」に対する、「共振周波数」とその「帯域幅」をまとめて扱えるように定義しました。

・コンストラクタ

　「コンストラクタ」としては、初期化を行なう「コンストラクタ」のほかに、「デフォルト・コンストラクタ」も定義しています。

　「デフォルト・コンストラクタ」を定義しない場合、他の「クラス」で、「コンパイル・エラー」になります。

　初期化を行なう「コンストラクタ」では、引数として与えられる「構造体 FrBw」の「オブジェクト fb」と「標本化周波数 fs」を使って、式(2) の「差分方程式」の係数「a_1」「a_2」「b_0」の値を設定し、内部の「遅延器」をクリアします。

・メンバ関数 Execute()

　式(2) の「差分方程式」の計算を行ないます。

・メンバ関数 Set()

「共振器」のパラメータを設定します。

● Radiatorクラス

「Radiatorクラス」は、「口からの放射」の効果に対応する、「高域強調器」を実現するためのクラスです。

「Radiatorクラス」が定義されている「Radiator.hpp」の内容を**リスト3**に示します。

リスト3　IODSP_VowelSynthesizer¥Synthesizer¥Radiator.hpp
「口からの放射」の効果に対応する、「高域強調」を実現する「Radiatorクラス」

```
 7: #ifndef RADIATOR_HPP
 8: #define RADIATOR_HPP
 9:
10: class Radiator
11: {
12: public:
13:     // デフォルト・コンストラクタ
14:     explicit Radiator(float c1 = 1.0f) : C1_(c1), xnM1_(0) {}
15:
16:     // 口からの放射の効果に対応する処理の実行
17:     float Execute(float xin)
18:     {
19:         float yn = xin - C1_*xnM1_;
20:         xnM1_ = xin;     // x[n-1] ← x[n]
21:         return yn;
22:     }
23:
24: private:
25:     const float C1_;
26:     float xnM1_;
27:
28:     // コピー・コンストラクタ，代入演算子の使用禁止
29:     Radiator(const Radiator&);
30:     Radiator& operator=(const Radiator&);
31: };
32: #endif  // RADIATOR_HPP
```

行19の注釈: $y[n]=x[n]-cx[n-1],\quad 0<c\le1$ の計算に対応する処理

[リスト解説]

・メンバ関数 Execute()

式(7) の「差分方程式」の計算を行ないます。

● SynthFilterクラス

「SynthFilterクラス」は、**図2**に示す「音声合成器」の中で、「声帯音源」を除いた部分の処理を行なうためのもので、「フォルマント」に対応する「Resonatorクラス」と、「口からの放射」に対応する「Radiatorクラス」から構成されます。

「SynthFilterクラス」が定義されている「SynthFilter.hpp」の内容を**リスト4**に示します。

リスト4　IODSP_VowelSynthesizer¥Synthesizer¥SynthFilter.hpp
「声道」の「共振」と「口からの放射」から構成される「SynthFilterクラス」

```
 8: #include "Array.hpp"
 9: #include "Resonator.hpp"
10: #include "Radiator.hpp"
11: using Mikami::Array;
12:
13: #ifndef SYNTH_FILTER_HPP
14: #define SYNTH_FILTER_HPP
15:
16: class SynthFilter
17: {
18: public:
19:     // コンストラクタ
20:     SynthFilter(int nReso, const Resonator::FrBw params[], float c1, float fs)
21:         : N_RESO_(nReso), h_(nReso), r_(c1)
22:     {
23:         for (int n=0; n<N_RESO_; n++) h_[n].Set(params[n], fs);←---「共振器」のパラメータ設定
24:     }
25:
26:     // 音声合成の処理の実行
27:     float Execute(float xn)
28:     {
29:         float yn = xn;
30:         for (int n=0; n<N_RESO_; n++) yn = h_[n].Execute(yn);←---「縦続接続」された「共振器」の処理
31:         yn  = r_.Execute(yn);        // 口からの放射の効果
32:         return yn;
33:     }
34:
35:     // 共振器内部の遅延器をクリア
36:     void Clear()
37:     {
38:         for (int n=0; n<N_RESO_; n++) h_[n].Clear();
39:     }
40:
41: private:
42:     const int N_RESO_;       // 共振器の数
43:     Array<Resonator> h_;     // 共振器に対応する配列
44:     Radiator r_;             // 口からの放射の効果
45:
46:     // コピー・コンストラクタ，代入演算子の使用禁止
47:     SynthFilter(const SynthFilter&);
48:     SynthFilter& operator=(const SynthFilter&);
49: };
50: #endif  // SYNTH_FILTER_HPP
```

この「クラス」で、「声帯音源」に対応する「Rosenbergクラス」を使っていないのは、「合成母音」のプログラムを作る場合に、「Rosenberg波」以外の「音源」を使って試せるようにするためです。

[リスト解説]

・コンストラクタ

「コンストラクタ」では、「フォルマント」に対応する「共振器」と、「口からの放射」に
対応する「高域強調フィルタ」を設定します。

「共振器」のパラメータに対する引数は、「Resonator クラス」の「構造体 FrBw」の「配
列」になっています。

・メンバ関数 Execute()

「メンバ関数 Execute()」は、「縦続接続」された「共振器」の部分の処理を、1つ目の
「共振器」の出力を2つ目の「共振器」の入力にし、ということを順に繰り返すことで実
現しています。

最後に、「Radiator クラス」の「メンバ関数 Execute()」によって、「口からの放射」
に対応する「高域強調フィルタ」を実行します。

● 「main.cpp」の内容

「main()」関数を含む「main.cpp」の内容を、リスト5に示します。

リスト5 IODSP_VowelSynthesizer¥main.cpp
母音合成器

```cpp
 7: #include <string>
 8: #include "MultirateLiPh.hpp"
 9: #include "Rosenberg.hpp"
10: #include "SynthFilter.hpp"
11: #pragma diag_suppress 870    // マルチバイト文字使用の警告抑制のため
12: using namespace Mikami;
13:
14: const int FS_ = 10;              // 入力の標本化周波数： 10 kHz
15: MultirateLiPh myAdÐa_(FS_);      // 出力標本化周波数を４倍にするオブジェクト
16:
17: const float FS_HZ_ = FS_*1000.0f;   // Hz 単位
18: Rosenberg glottalWave_(120, 2.0f, FS_HZ_);  // 声帯波発生器
19:
20: typedef Resonator::FrBw Fn;
21: const float C1_ = 0.8f; // 口からの放射の効果の係数
22: // 母音合成器の共振器の数：3
23: SynthFilter vowel_[] = {
24:     SynthFilter(3, (Fn[]){{654, 50}, {1060, 55}, {2375, 60}}, C1_, FS_HZ_), // ア
25:     SynthFilter(3, (Fn[]){{302, 40}, {2057, 60}, {3004, 65}}, C1_, FS_HZ_), // イ
26:     SynthFilter(3, (Fn[]){{375, 45}, {1208, 55}, {2165, 60}}, C1_, FS_HZ_), // ウ
27:     SynthFilter(3, (Fn[]){{541, 50}, {1784, 60}, {2452, 60}}, C1_, FS_HZ_), // エ
28:     SynthFilter(3, (Fn[]){{458, 45}, { 807, 50}, {2379, 60}}, C1_, FS_HZ_)};// オ
29:
30: int vIndex_ = 0;     // 合成する母音を決めるインデックス
31:
32: void AdcIsr()
33: {
34:     float xn = glottalWave_.Execute();
35:     float yn = vowel_[vIndex_].Execute(xn); // 母音合成器
36:     myAdÐa_.Output(yn);         // 出力
37: }
38:
```

「基本周波数」：120 Hz

「共振周波数」　「帯域幅」

```
39: int main()
40: {
41:     printf("\r\n音声（母音）合成を実行します\r\n");
42:     printf("a, i, u, e, o のいずれかを入力すると，対応する母音が合成されます\r\n");
43:     printf("リターンキーを押すと，音が停止します\r\n");
44:     printf("それ以外の入力は無視されます\r\n");
45:     printf("起動時には合成母音を出力していません\r\n");
46:     glottalWave_.Off();      // 最初は無音
47:
48:     string str = "aiueo";   ◀----「ターミナル」から送信された文字の判定のために使用
49:
50:     myAdDa_.Start(&AdcIsr);     // 標本化を開始する
51:     while (true)
52:     {
53:         char ch = getchar();      // 受信バッファから１文字取得
54:         putchar(ch);              // 同じ文字をターミナルへ送信
55:         if (ch == '\r') putchar('\n');
56:
57:         int pos = str.find(ch);
58:         if (pos != string::npos) ◀---「ターミナル」から送信された文字が "aiueo" の
59:         {                            いずれかの場合、以下の処理を行う
60:             vIndex_ = pos;   ◀-------------合成する「母音」に対応する「インデックス」
61:             vowel_[vIndex_].Clear();
62:             glottalWave_.On();
63:         }
64:         if (ch == '\r') glottalWave_.Off(); ◀--- '\r' を受信した場合は音の発生を止める
65:     }
66: }
```

このプログラムは、日本語の5つの「母音」を合成でき、「Tera Term」などの「ターミナル用ソフト」で、発生する「母音」の種類を変えることができるようにしています。

[リスト解説]

18行目では、「声帯波」を発生する「Rosenbergクラス」の「オブジェクト」を宣言し、「基本周波数」は120 Hzに設定しています。

23～28行目が、五つの「母音」に対する「SynthFilterクラス」の「オブジェクト」の宣言です。

ここでは、「共振器」の数を「3」とし、各「共振器」の「共振周波数」と「共振帯域幅」を与えています。

また、「高域強調器」の「係数」は21行目にあるように、どの「母音」に対しても、「0.8」にしています。

30行目の「vIndex_」は、合成する「母音」の種類を決めるためのインデックスです。

32～37行目の「割り込みハンドラ」の関数「AdcIsr()」の中では、「vIndex_」に対応する「母音」の合成を行ない、「DA変換器」から出力しています。

「main()」関数の中の、51～65行目の「whileループ」では、「ターミナル用ソフト」から送信された「文字」に基づいて、「母音」の種類を変えたり、「母音」の出力のOn／Offを切り替えたりするための処理を行ないます。

■6.1.4　「音声合成器」のプログラムの実行結果

「ア」を発生した場合の「波形」を**図9**に、その「スペクトル」を**図10**に示します。

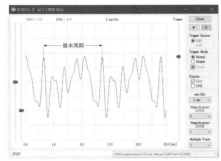
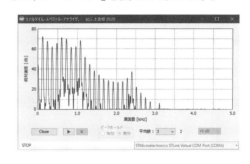

図9　「音声合成器」で「基本周波数」を120 Hzと　　図10　「音声合成器」で「基本周波数」を120 Hz
　　　して「ア」を発生した場合の「波形」　　　　　　　　　として「ア」を発生した場合の「スペクトル」

この「音声合成器」のプログラムは、基本的なものなので、実際に音を出して聴いた場合に、自然な音には聞こえないと思います。

また、同じ音を長く聞いていると、「母音」のようには聞こえなくなると思いますが、「ターミナル用ソフト」から「母音」の種類を短い時間間隔で切り替えると、それらしい音が聞こえると思います。

6.2　残響生成器

カラオケでエコーをかける場合や、家庭の小さな部屋で音楽を再生する場合に大ホールのような臨場感を与えたい場合などに使うのが「残響生成器」で、このようなシステムも「デジタル・フィルタ」の応用として実現することができます。

「残響生成器」を作る場合に基本要素として使われるのが、「櫛形フィルタ」(comb filter)と「全域通過フィルタ」(allpass filter)です。

＊

最初に、「櫛形フィルタ」と「全域通過フィルタ」を、「残響生成器」の基本要素として使う場合の構成法を説明し、その後それらを組み合わせた「残響生成器」について説明し、プログラムを作っていきます。

■6.2.1　「櫛形フィルタ」による「残響生成ユニット」

「櫛形フィルタ」とは、「振幅特性」が櫛の歯状になっている「フィルタ」のことで、「残響生成器」の要素として使う場合の構成を**図11**に示します。

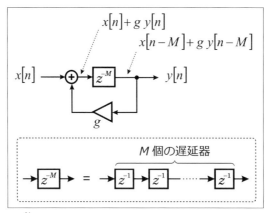

図11 「櫛形フィルタ」による「残響生成ユニット」の「ブロック図」

この図の中にある z^{-M} は、図で示すように、単位遅延素子である z^{-1} を M 個「縦続接続」したものを表わします。

このフィルタの入出力の関係を表わす「差分方程式」は次のようになります。

$$y[n] = x[n-M] + g\,y[n-M] \qquad (9)$$

「係数」の「g」は1未満の正の数とし、「M」の値は必要な遅延時間に応じて決めます。
この「櫛形フィルタ」の「インパルス応答 $h[n]$」は、次のようになります。

$$h[n] = \begin{cases} 0, & n \leq 0 \\ g^{m-1}, & n = mM, m \neq 0 \\ 0, & n \neq mM \end{cases} \qquad (10)$$
$$\text{ただし,} \quad m : \text{整数}$$

図12には「$M = 10$」「$g = 0.8$」の場合の「インパルス応答」を示します。
実際の「残響生成器」で用いる場合は、「M」の値はもっと大きな値にしますが、「M」を大きくすると、次に示す「櫛形フィルタ」の「振幅特性」の図が見にくくなるので、「$M = 10$」としています。

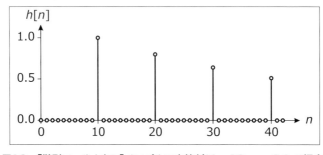

図12 「櫛形フィルタ」の「インパルス応答」($M = 10$、$g = 0.8$ の場合)

「櫛形フィルタ」の「伝達関数 $H(z)$」は、次のようになります。

$$H(z) = \frac{z^{-M}}{1 - g\,z^{-M}} \tag{11}$$

この式から求めた「振幅特性 $A(\omega)$」は、次のようになります。

$$A(\omega) = \frac{1}{\sqrt{1 + g^2 - 2g\cos(\omega MT)}} \tag{12}$$

この「振幅特性」を、「g」と「M」は図12の場合と同じ値を使い、「標本化周波数」を「10 kHz」として表わしたものを、図13に示します。

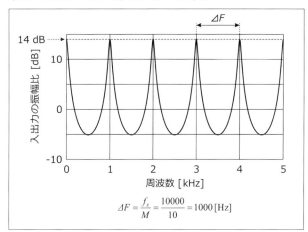

$$\varDelta F = \frac{f_s}{M} = \frac{10000}{10} = 1000\,[\text{Hz}]$$

図13 「櫛形フィルタ」の「振幅特性」($M = 10$、$g = 0.8$ で、標本化周波数 = 10 kHz の場合)

この図から分かるように、「櫛形フィルタ」の「振幅特性」は「$\varDelta F$」ごとに、大きさが「1/(1-g)」の「ピーク」をもつような特性を示します。

この「$\varDelta F$」の値は「標本化周波数 f_s」と「遅延器の数 M」で決まり、次の式で表わされます。

$$\varDelta F = \frac{f_s}{M} \tag{13}$$

「標本化周波数」を「10 kHz」とすると、図13にあるように、「$\varDelta F = 1\,[\text{kHz}]$」になります。

■ 6.2.2 「全域通過フィルタ」による「残響生成ユニット」

　「全域通過フィルタ」とは、「振幅特性」が周波数によらず一定になる「フィルタ」のことで、構成法はいろいろありますが、ここでは**図14**に示す構成を「残響生成器」の要素として使います。

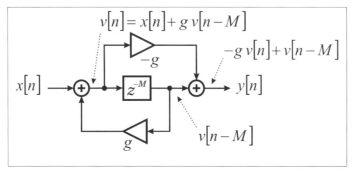

図14　「全域通過形フィルタ」による「残響生成ユニット」の「ブロック図」

　このフィルタの入出力の関係を表わす「差分方程式」は、次のようになります。

$$\begin{cases} v[n] = x[n] + g\,v[n-M] \\ y[n] = -g\,v[n] + v[n-M] \end{cases} \tag{14}$$

　「係数」の「g」は、「櫛形フィルタ」と同じように1未満の正の数とし、「M」の値は必要な遅延時間に応じて決めます。

　この「全域通過フィルタ」の「インパルス応答 $h[n]$」は、次のようになります。

$$h[n] = \begin{cases} 0, & n < 0 \\ -g & n = 0 \\ (1-g^2)g^{m-1}, & n = mM,\, m \neq 0 \\ 0, & n \neq mM \end{cases} \tag{15}$$

ただし，m：整数

　図15には「$M = 10$」「$g=0.6$」の場合の「インパルス応答」を示します。

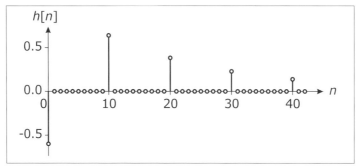

図15　「櫛形フィルタ」の「インパルス応答」($M = 10$、$g = 0.6$ の場合)

「全域通過フィルタ」の「伝達関数 $H(z)$ 」は、次のようになります。

$$H(z) = \frac{z^{-M} - g}{1 - g\,z^{-M}} \tag{16}$$

この式から求めた「振幅特性 $A(\omega)$ 」は、次のようになり、「振幅特性」は周波数によらず一定になるので、「振幅特性」の図は省略します。

$$A(\omega) = 1 \tag{17}[28]$$

■ 6.2.3 「残響生成器」の構成

「残響生成器」は、前の項目で説明した「櫛形フィルタ」と「全域通過フィルタ」を組み合わせて作ります。

*

以下でプログラムを作る「残響生成器」の構成を**図16**に示します。

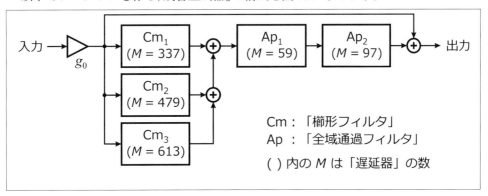

図16　プログラムで作る「残響生成器」の構成

「櫛形フィルタ」の「振幅特性」は**図13**に示しているように、入出力の振幅比が、最大で「1/(1-g)」になりますが、この値は「1」よりも大きな値なので、入力部には「 $g_0 = 1 - g$ 」を乗算するための乗算器を設けます。

この「 g_0 」が乗算された信号を、3個の「櫛形フィルタ」が「並列接続」された部分に入力し、その出力を加え合わせて、2個「縦続接続」された「全域通過フィルタ」に入力し、最後に、入力信号に「 g_0 」を乗算したものを、全域通過フィルタの2段目の出力に加え合わせます。

*

28
$$A(\omega) = \left| \frac{z^{-M} - g}{1 - g\,z^{-M}} \right|_{z = \exp(j\omega T)} = \sqrt{\frac{\exp(-jM\omega T) - g}{1 - g\exp(-jM\omega T)} \cdot \frac{\exp(jM\omega T) - g}{1 - g\exp(jM\omega T)}}$$
$$= \sqrt{\frac{1 - g\exp(-jM\omega T) - g\exp(jM\omega T) + g^2}{1 - g\exp(-jM\omega T) - g\exp(jM\omega T) + g^2}} = 1$$

このようなシステムを実現する際に重要なのは、各「櫛形フィルタ」および「全域通過フィルタ」の「遅延器」の個数「M」です。

脚注の文献[29]によると、自然な残響を得るには、「遅延器」の個数「M」は「互いに素」になるように選び、「全域通過フィルタ」の「遅延器」の個数は「櫛形フィルタ」に比べて小さな数にするのがよいということです。

＊

ここで作るプログラムで使われる「M」の値は、**図16**の各フィルタのブロックの( )内に示しているものを使います。

この「M」の値を使ったときの「インパルス応答」を、**図17**に示します。

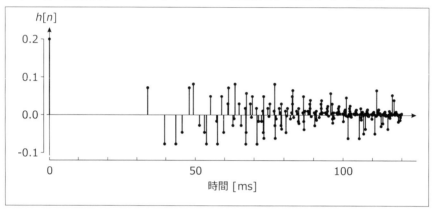

図17 プログラムで作る「残響生成器」の「インパルス応答」

■6.2.4 「残響生成器」のプログラム

「残響生成器」のプログラム全体が入っているフォルダ（IODSP_ReverbSystem）の様子を**図18**に示します。

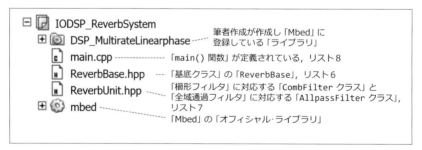

図18 「残響生成器」のプログラム「IODSP_ReverbSystem」のファイル構成

「櫛形フィルタ」と「全域通過フィルタ」の処理には共通の部分があるので、ここでは最初にその部分を「基底クラス ReverbBase」として作り、その「クラス」を「継承」する「クラス」として、「櫛形フィルタ」と「全域通過フィルタ」に対応するクラスを作ります。

---

29 C. Roads 著、青柳 他 訳・監修："コンピュータ音楽 — 歴史・テクノロジー・アート —"、第11章、東京電機大学出版局、2001年.

　プログラム全体は、「櫛形フィルタ」と「全域通過フィルタ」に対応する「クラス」を組み合わせて作ります。

● ReverbBaseクラス

　この「クラス」は「抽象基底クラス」で、これ使うためには、この「クラス」を「継承」する「派生クラス」を作る必要があります。

　「ReverbBaseクラス」が定義されている「ReverbBase.hpp」の内容を**リスト6**に示します。

リスト6　IODSP_ReverbSystem¥ReverbBase.hpp
「残響生成器」の基本要素となる「櫛形フィルタ」と「全域通過フィルタ」に対応する「クラス」の「基底クラス」「ReverbBase」

```
 7: #include "Array.hpp"
 8: using namespace Mikami;
 9:
10: #ifndef REVERB_BASE_HPP
11: #define REVERB_BASE_HPP
12:
13: class ReverbBase
14: {
15: public:
16:     // コンストラクタ
17:     explicit ReverbBase(int delay)
18:         : vn_(delay, 0.0f), DELAY_(delay), ptr_(0) {}
19:                              ┌─────────────────────┐
20:     virtual ~ReverbBase() {} │「遅延器」を初期化する際に、│
21:                              │「遅延器」に書き込まれるデータ│
22:     // 残響生成ユニットの実行：純粋仮想関数
23:     virtual float Execute(float x) = 0;
24:
25:     // 遅延器のクリア
26:     void Clear() { vn_.Fill(0); }
27:
28: protected:
29:     float Get() const { return vn_[ptr_]; } ◄─── 「遅延器」の中の最も過去の信号を取り出す
30:
31:     void Set(float x)
32:     {
33:         vn_[ptr_] = x;
34:         if (++ptr_ >=  DELAY_) ptr_ = 0; ◄─── 「遅延器」の中の最も過去の信号を
35:     }                                         「メンバ関数」「Get()」で取り出す準備
36:
37: private:
38:     Array<float> vn_;   // 遅延器
39:     const int DELAY_;   // 遅延器の数
40:     int ptr_; ◄─── 「遅延器」内のデータを指す「インデックス」
41:
42:     // コピー・コンストラクタ，代入演算子の禁止のため
43:     ReverbBase(const ReverbBase&);
44:     ReverbBase& operator=(const ReverbBase&);
45: };
46: #endif  // REVERB_BASE_HPP
```

「メンバ関数」の「Get()」と「Set()」は「protected」として定義されているので、この「クラス」を「継承」する「派生クラス」の中で使えます。

「遅延器」内のデータの移動ですが、**第4章**や**第5章**の「デジタル・フィルタ」のプログラムでは、実際にデータを移動していました。

しかし、「残響生成器」の場合は、「遅延器」の数が非常に多いので、データを移動するようなプログラムでは、実行時間が長くなり、リアルタイム処理が難しくなります。

*

そこで、この「クラス」では、「遅延器」内のデータを移動するのではなく、データを指している「インデックス」を変化させるようにして、高速処理が可能になるようにしています。

[リスト解説]

・コンストラクタ

「コンストラクタ」は、「遅延器」に対応する「Arrayクラス」の「オブジェクト」である「vn_」の初期化と、「遅延器」の数に対応する「DELAY_」「インデックス」に対応する「ptr_」の初期化を、「メンバ・イニシャライザ」の機能を使って行ないます。

・メンバ関数 Execute()

この「メンバ関数」は「残響生成ユニット」に対応する処理を行なうものですが、ここでは**23行目**で「＝0」となっているので、「純粋仮想関数」です。

そのため、「残響生成ユニット」に対応する処理の定義は、「ReverbBaseクラス」を「継承」する「派生クラス」で行ないます。

・メンバ関数 Get()

「遅延器」に対応する「vn_」から、最も過去の信号を取り出します。

・メンバ関数 Set()

現在入力された信号を「遅延器」に対応する「vn_」に格納した後、次に「メンバ関数Get()」を実行した際に、最も過去の信号を取り出せるように、「ptr_」の値を更新します。

● 「CombFilterクラス」「AllpassFilterクラス」

この2つの「クラス」は、いずれも「ReverbBaseクラス」を「継承」する「派生クラス」
で、これらが定義されている「ReverbUnit.hpp」の内容を**リスト7**に示します。

リスト7　IODSP_ReverbSystem¥ReverbUnithpp
「櫛形フィルタ」に対応する「CombFilterクラス」と「全域通過フィルタ」に対応する「AllpassFilterクラス」

```
 7: #include "ReverbBase.hpp"
 8:
 9: #ifndef REVERB_UNIT_HPP
10: #define REVERB_UNIT_HPP
11:
12: // 櫛形フィルタ
13: class CombFilter : public ReverbBase          「ReverbBase クラス」を「public」に「継承」することを表す
14: {
15: public:
16:     // コンストラクタ
17:     CombFilter(int delay, float g) : ReverbBase(delay), GC_(g) {}
18:
19:     // 櫛形フィルタの実行
20:     virtual float Execute(float x)
21:     {
22:         float yn = Get();
23:         Set(x + GC_*yn);          式(9) の右辺の計算に対応
24:         return yn;
25:     }
26:
27: private:
28:     const float GC_;
29: };
30:
31: // 全域通過フィルタ
32: class AllpassFilter : public ReverbBase          「ReverbBase クラス」を「public」に「継承」することを表す
33: {
34: public:
35:     // コンストラクタ
36:     AllpassFilter(int delay, float g) : ReverbBase(delay), G0_(g) {}
37:
38:     // 全域通過フィルタの実行
39:     virtual float Execute(float x)
40:     {
41:         float vn = x + G0_*Get();          式(14) の「差分方程式」に対応
42:         float yn = -G0_*vn + Get();
43:         Set(vn);
44:         return yn;
45:     }
46:
47: private:
48:     const float G0_;
49: };
50: #endif  // REVERB_UNIT_HPP
```

いずれの「クラス」も「メンバ関数Execute()」で、「櫛形フィルタ」および「全域通過
フィルタ」の処理を行ないます。

「メンバ関数Execute()」の中では、「継承」元の「ReverbBaseクラス」の「protected
メンバ関数」である「Get()」と「Set()」を使っています。

● 「main.cpp」の内容

「main()」関数を含む「main.cpp」の内容を**リスト8**に示します。

リスト8　IODSP_ReverbSystem¥main.cpp
「残響生成器」

```
 7: #include "MultirateLiPh.hpp"
 8: #include "ReverbUnit.hpp"
 9: #pragma diag_suppress 870    // マルチバイト文字使用の警告抑制のため
10: using namespace Mikami;
11:
12: const int FS_ = 10;          // 入力の標本化周波数： 10 kHz
13: MultirateLiPh myAdĐa_(FS_); // 出力標本化周波数を4倍にするオブジェクト
14:
15: const float G_C_ = 0.8f;
16: const float G_A_ = 0.6f;
17: const float G0_  = 1.0f - G_C_;
18: CombFilter    cm1(337, G_C_);
19: CombFilter    cm2(479, G_C_);    ◄─── 「櫛形フィルタ」
20: CombFilter    cm3(613, G_C_);
21: AllpassFilter ap1( 59, G_A_);    ◄─── 「全域通過フィルタ」
22: AllpassFilter ap2( 97, G_A_);
23:
24: bool on_ = true;     //
25:
26: void AdcIsr()
27: {
28:     float xn = G0_*myAdĐa_.Input(); // 入力
29:
30:     // 櫛形フィルタによる並列接続部
31:     float yn = cm1.Execute(xn) + cm2.Execute(xn) + cm3.Execute(xn);
32:
33:     // 全域通過フィルタによる縦続接続部
34:     yn = ap2.Execute(ap1.Execute(yn));
35:
36:     yn = yn + xn;                // 直接入力を付加
37:
38:     if (on_) myAdĐa_.Output(yn);    // 出力（残響生成器の出力）
39:     else     myAdĐa_.Output(3*xn);  // 出力（入力をそのまま）
40: }
41:
42: int main()
43: {
44:     printf("\r\n残響生成器を実行します\r\n");
45:     printf("残響生成器の ON/OFF はキーボードからコントロールできます\r\n");
46:     printf("'y'：ON, 'n'：Off\r\n");
47:
48:     myAdĐa_.Start(&AdcIsr);     // 標本化を開始する
49:     while (true)
50:     {
51:         char yesNo = getchar();
52:         printf("%c", yesNo);
53:         on_ = (yesNo == 'y') ? true : false;
54:     }
55: }
```

3倍しているのは、「残響」がある
場合とほぼ同じ音量にするため

[リスト解説]

　「割り込みハンドラ AdcIsr()」の中の、28～36行目の処理が、**図16**に示す処理に対応します。

　38、39行目は、「残響」の発生の「On／Off」のための処理です。

49～54行の「whileループ」では、「ターミナル用ソフト」から送信された「文字」に基づいて、「残響」の発生の「On／Off」を切り替えるための処理を行ないます。

※実行結果は、書籍の上では表現できないので、プログラムを実際に作って、音響信号を入力し、出力信号を音に変換して、聴いてみてください。

6.3 「ヒルベルト変換器」による「位相シフタ」を使う「周波数シフタ」

この章では、2つの方法で「周波数シフタ」を作りますが、この節では「ヒルベルト変換器」による「位相シフタ」を使う方法を取り上げ、次の節では「Weaver変調器」を使う方法を取り上げます。

■ 6.3.1 「位相シフタ」を利用する「周波数シフタ」の考え方

「位相シフタ」を利用する「周波数シフタ」の原理は、図では説明しにくいので、式を使って説明します。

その際に、扱う信号を、一般のオーディオ信号のように、いろいろな周波数でいろいろな振幅の「正弦波」を加え合わせたものを考えると、式で表わした場合に分かりにくくなるため、ここでは単一の周波数の「正弦波」で考えます。

*

まず、**式(18)** で表わされる「角周波数 ω_X」の「正弦波[30] $x(t)$」の周波数をシフトすることを考えます。

$$x(t) = \cos\omega_X t \tag{18}$$

この「正弦波」の角周波数を、「ω_X」から「ω_1」だけ高いほうへシフトして「$\omega_X + \omega_1$」にするには、「三角関数」の「加法定理」を使って、次の計算により可能です。

$$\cos(\omega_X + \omega_1)t = \cos\omega_X t \cdot \cos\omega_1 t - \sin\omega_X t \cdot \sin\omega_1 t \tag{19}$$

この式を使って「周波数シフタ」の処理を行なうには、「$\cos\omega_1 t$」「$\sin\omega_1 t$」のほかに、「$\sin\omega_X t$」という正弦波が必要になります。

「ω_1」は分かっているので、この式の中で使う「$\cos\omega_1 t$」と「$\sin\omega_1 t$」は、計算で簡単に作れます。

*

また、角周波数「ω_X」が分かっていれば、「$\cos\omega_X t$」から「$\sin\omega_X t$」を作ることも、簡単にできます。

---

30 「sin」と「cos」は、単に「位相」が違っているだけで、本質的な違いはないので、以降でも同様に、式の上では「cos」になっていても「正弦波」と呼びます.

しかし、実際には「ω_X」値は分かりませんし、たとえ角周波数「ω_X」が分かったとしても、現実のオーディオ信号にはいろいろな周波数成分が含まれ、しかもその周波数は常に変化しています。

　そのため、「ω_1」が分かっている場合のように、「$\cos\omega_X t$」から「$\sin\omega_X t$」を作ることは簡単にはできないように思われるかもしれません。

＊

　ところで、「$\cos\omega_X t$」と「$\sin\omega_X t$」の違いは「位相差」だけなので、両者には次の式が成り立ちます。

$$\sin\omega_X t = \cos\left(\omega_X t - \frac{\pi}{2}\right) \tag{20}$$

　つまり、「cos」に対して「位相」を「$\pi/2$」遅らせれば「sin」になります。

＊

　周波数が決まっていれば、このような処理も簡単です。

　しかし、実際のオーディオ信号にはいろいろな周波数成分が含まれているため、この考え方を適用するには、オーディオ信号に含まれているすべての周波数成分に対して、その「位相」を「$\pi/2$」遅らせる必要があります。

　従来のアナログ電子回路を使った信号処理では、これは非常に難しい処理でしたが、デジタル信号処理を使えば、どの周波数の正弦波に対しても位相を正確に「$\pi/2$」遅らせることは、「ヒルベルト（Hilbert）変換器」を使って比較的簡単に実行できます。

■ 6.3.2　ヒルベルト変換器

● ヒルベルト変換器とは

　「ヒルベルト変換器」とは、どのような周波数の正弦波が入力されたとしても、出力の振幅は変わらずに、出力の正弦波は入力に対して常に「$\pi/2$」だけ遅れるという性質をもったフィルタの一種です。

＊

　しかし、このような「理想的ヒルベルト変換器」を実際に実現することはできませんが、使用する周波数範囲を限定すれば、「FIRフィルタ」を使って、ほぼ「理想的」な「ヒルベルト変換器」とみなせるようなものを作れます。

　このような「FIRフィルタ」を「ヒルベルト変換フィルタ」と呼ぶことにします。

> ※なお、「理想的ヒルベルト変換器」については参考までにコラムで説明します。

　「FIRフィルタ」を使って「ヒルベルト変換フィルタ」を作れば、「位相特性」については、どんな周波数であっても、「位相」を正確に「$\pi/2$」遅らせることが可能です。

*

　一方、「振幅特性」は理想的なものはできず、周波数が「0」付近で、減少し、さらに「次数」が「偶数」の場合には「標本化周波数」の「1/2」付近でも減少するような「ヒルベルト変換フィルタ」しか実現できません。

　しかし、オーディオ信号を考えた場合、周波数が「0」の付近は耳には聞こえませんし、「標本化周波数」は、扱う最高の周波数の2倍よりも高く選んでおけばよいので、このようなことがあっても、実用的にはまったく問題はありません。

コラム　「理想的ヒルベルト変換器」

　ここでは、「デジタル信号処理」で使うので、理想的な「離散的ヒルベルト変換器」について説明します。

　理想的な「離散的ヒルベルト変換器」の「周波数応答 $H(\omega)$ 」は、「標本化角周波数」を「 ω_S 」とすると、次のように表わされます。

$$H(\omega) = \begin{cases} j = \exp\left(j\dfrac{\pi}{2}\right), & -\omega_S/2 \leqq \omega < 0 \\[2ex] -j = \exp\left(-j\dfrac{\pi}{2}\right), & 0 < \omega \leqq \omega_S/2 \end{cases} \tag{A}$$

　つまり、理想的な「離散的ヒルベルト変換器」は、「振幅特性」が周波数によらず一定で、「位相特性が」図Aに示すようなフィルタであると考えることができます。

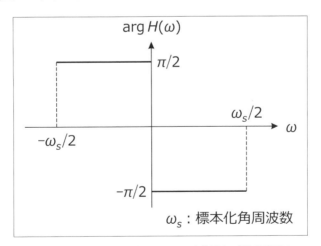

図A　理想的な「離散的ヒルベルト変換器」の「位相特性」

　式(A) は「 $-\omega_S/2 \leqq \omega \leqq \omega_S/2$ 」の範囲しか示していませんが、その外側でも、同じ特性が周波数軸に沿って周期的に続くので、「 $H(\omega)$ 」は「周波数領域」で周期を ω_S とする「周期関数」です。

*

　ところで、「周期関数」は「フーリエ級数展開」で表わすことができるので、理想的な「離

散的ヒルベルト変換器」の「インパルス応答$h[n]$」は、式(A) から、「フーリエ級数展開」を使って計算でき、次のようになります。

$$h[n] = \frac{1}{\omega_S} \int_{-\omega_S/2}^{\omega_S/2} H(\omega) e^{j\omega nT} \, d\omega$$

$$= \frac{j}{\omega_S} \left\{ \int_{-\omega_S/2}^{0} e^{j\omega nT} \, d\omega - \int_{0}^{\omega_S/2} e^{j\omega nT} \, d\omega \right\}$$

$$= \frac{2\sin^2(n\pi/2)}{n\pi} \tag{B}$$

$$= \begin{cases} \dfrac{2}{n\pi}, & n: 奇数 \\ 0, & n: 偶数 \end{cases}$$

この「インパルス応答」を図Bに示しますが、このように、中央に対して「奇対称」（点対称）になり、さらに、中央とそこから両側に1つ置きに、値が「0」になります。

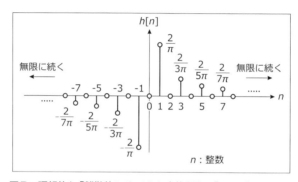

図B　理想的な「離散的ヒルベルト変換器」の「インパルス応答」

なお、一般に「デジタル・フィルタ」の「インパルス応答」は、「直接形FIRフィルタ」の「係数」に一致します。

そのため、この「インパルス応答」を「係数」とする「直接形FIRフィルタ」を作れば、理想的な「離散的ヒルベルト変換器」を作ることができます。

● ヒルベルト変換フィルタの係数

次に、「ヒルベルト変換フィルタ」の「係数」の性質を見ていきますが、一般的に書くと分かりにくくなるので、以下で作る「ヒルベルト変換フィルタ」のプログラムを念頭に置いて、「次数 M 」は「 $M = 4K + 2$ （ K ：整数)」であると限定します。

「係数」の「添え字 k 」は0番目から始まるものとし、「 k 番目の係数」を「 h_k 」と表わすものとすると、「ヒルベルト変換フィルタ」の「係数」には次の式のような性質があります。

$$\begin{cases} h_k = -h_{M-k} \neq 0, & k：偶数 \\ h_k = 0, & k：奇数 \end{cases} \tag{21}$$

式(21) では、特徴が直感的に分かりにくいと思うので、この係数の例を**図19**に示します。

このように、中央の「係数」が「0」になり、そこから両側に1つおきに「係数」の値は「0」になり、中央の「係数」を中心に左右「奇対称（点対称)」になります。

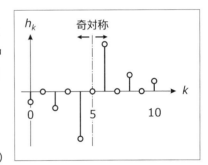

図19 「ヒルベルト変換フィルタ」の「係数」の例($M = 10$の場合)

■6.3.3 「ヒルベルト変換フィルタ」の構成

なお、「ヒルベルト変換フィルタ」では「 $\pi/2$ 」の「位相遅れ」のほかに、「 $NT/2$ 」（ T ：標本化間隔)の時間遅れが発生するので、「周波数シフタ」として使うためにはこの遅れを補正する必要があります。

以上のことを考慮すると、「周波数シフタ」に使う「ヒルベルト変換フィルタ」の基本的な「ブロック図」は、**図20**のようになります。

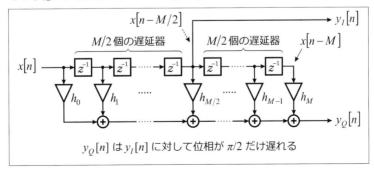

図20 「周波数シフタ」に使う「ヒルベルト変換フィルタ」の「ブロック図」(M:偶数の場合)

この構成の場合、「出力信号 $y_Q[n]$」が「出力信号 $y_I[n]$」に対して「位相」が「$\pi/2$」遅れることになります.

「ヒルベルト変換フィルタ」のプログラムを作る場合は、**式**(21) の性質を使うと、「ブロック図」を**図**21のように描けるので、計算量を減らせます.

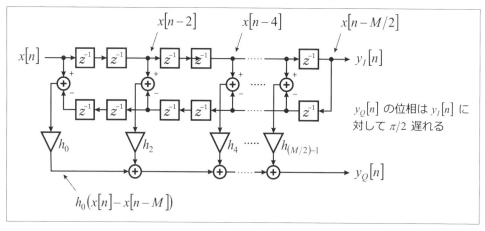

図21　計算量を削減した「ヒルベルト変換フィルタ」の「ブロック図」(*M = 4K + 2*の場合)

図21の入力信号「$x[n]$」と出力信号「$y_Q[n]$」に関する差分方程式は、次のようになります.

$$y_Q[n] = \sum_{k=0}^{(M-2)/4} h_{2k}\left\{ x[n-2k] - x\left[n-(M-2k) \right] \right\} \tag{22}$$

この場合、出力信号「$y_Q[n]$」は、**図**21で「$x[n-M/2]$」を指している部分から取り出す「出力信号 $y_I[n]$」に対して、「位相」が「$\pi/2$」遅れます.

■ 6.3.4 「ヒルベルト変換フィルタ」を利用する「周波数シフタ」の構成

　「周波数シフタ」の処理は、**式(19)** を使って行なうので、**図21**の「ヒルベルト変換フィルタ」による「位相シフタ」を利用すると、「周波数シフタ」の構成は**図22**のようになります。

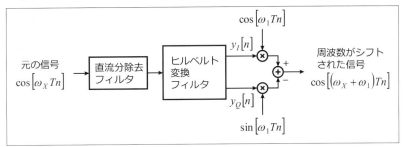

図22　「ヒルベルト変換フィルタ」による「位相シフタ」を利用する「周波数シフタ」の構成

　この図には、「直流分除去フィルタ」が入っていますが、入力信号に「直流分」が重畳すると、これも「周波数シフト」され、これが「ω_1」の正弦波として出力に現われるので、これを防止するために「直流分除去フィルタ」を入れてあります。

■ 6.3.5 「ヒルベルト変換フィルタ」の「係数」の設計

● ヒルベルト変換フィルタの係数の設計用ツール

　「係数」を設計する際は、工学社のサイトからダウンロードできる、筆者の作成した「フィルタ設計用ツール」の中の、「FIR_Design_Remez」を使います。

　このツールを使い、プログラムで作る「ヒルベルト変換フィルタ」の「係数」を設計したときの様子を**図23**に示します。

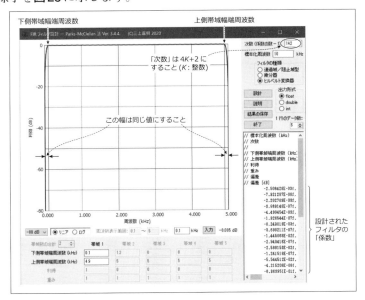

図23　プログラムで作る「ヒルベルト変換フィルタ」の「係数」を
「FIR_Design_Remez」で設計した際の表示画面の様子

このツールを使って「ヒルベルト変換フィルタ」の「係数」を設計する際は、次の点に気を付ける必要があります。

> ①使用する「帯域」を対称に設定する
> ②「次数」は「$M = 4K + 2$（K：整数）」とする

①「FIR_Design_Remez」では、「下側帯域端周波数」と「上側帯域端周波数」を指定します。

　このとき、**図23**に示すように、「下側帯域端周波数」と周波数「0」の間の幅、および「上側帯域端周波数」と「標本化周波数/2」の間の幅を等しくするという意味で、**図23**の設計画面では、この幅を「100 Hz」に指定しています。

②**図21**の構成でプログラムを作る場合、「次数」は「偶数」にします。

　さらに、「$M = 4K + 2$」（K：整数）を満足する「M」にする必要があります。

＊

設計された「係数」は「テキストボックス」に表示されています。

　図23のままだと、大部分の「係数」が見えないので、このアプリの「ウィンドウ」の右端を、マウスでドラッグして、画面を広げると、「係数」の全体を見ることができるようになります。

　なお、「設計用ツール」の画面には、設計されたフィルタの「振幅特性」が表示されています。

　実現可能な「ヒルベルト変換フィルタ」の「振幅特性」は、周波数が「0」（「次数」が偶数の場合は「標本化周波数/2」も）で利得が「$-\infty$ dB」になるので、この付近の周波数の信号はうまく扱えないことが分かります。

● 設計されたヒルベルト変換フィルタの係数

　図24に、プログラムで作る「ヒルベルト変換フィルタ」を設計した際の「係数」の一部を示します。

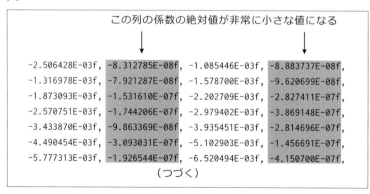

図24　プログラムで作る「ヒルベルト変換フィルタ」の「係数」を、「FIR_Design_Remez」で設計した際に得られる「係数」の一部

　設計ツールの計算精度の関係で、「係数」が1つ置きに「0」にはなっていません。

　しかしよく見ると、「係数」の絶対値が1つ置きに、けた違いに小さな値になっていることが分かります。

　そのため、実際にこの係数を使う場合は、この絶対値がけた違いに小さな値になっているものは取り除きます。

> ※具体的にどうするのかは、この後に出てくるリスト11に示す「coefsHilbert142.hpp」の内容を見てください。

■ 6.3.6　「ヒルベルト変換フィルタ」による「位相シフタ」を利用する「周波数シフタ」のプログラム

　「ヒルベルト変換フィルタ」を使う「位相シフタ」を利用する「周波数シフタ」のプログラム全体が入っているフォルダ（IODSP_FrqShifterHilbert）の様子を図25に示します。

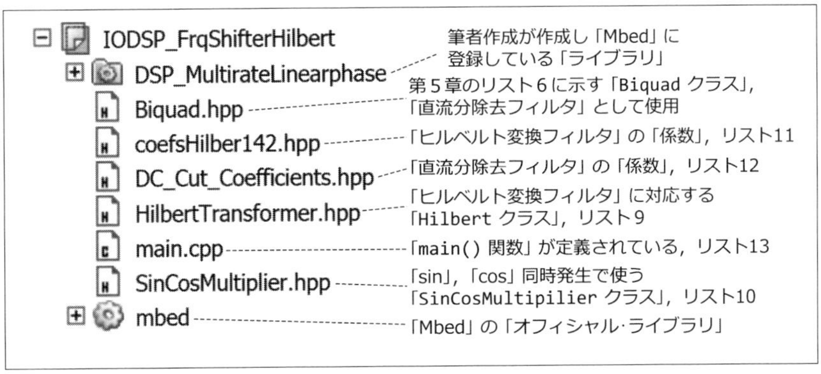

図25　「ヒルベルト変換フィルタ」による「位相シフタ」を使った周波数シフタ 「IODSP_FrqShifterHilbert」のファイル構成

　「周波数シフタ」のプログラムを作るため、最初に2つの「クラス」を準備します。

①「Hilbert クラス」	「ヒルベルト変換フィルタ」に対応する「クラス」
②「SinCosMultipilier クラス」	同じ周波数の「sin 波」「cos 波」を乗算する「クラス」

● Hilbertクラス

「Hilbertクラス」が定義されている「HilbertTransformer.hpp」の内容をリスト9に示します。

リスト9　IODSP_FrqShifterHilbert¥HilbertTransformer.hpp
「ヒルベルト変換フィルタ」に対応する「Hilbertクラス」

```
 7: #include "Array.hpp"
 8: using namespace Mikami;
 9:
10: #ifndef HILBERT_TRANSFORMER_HPP
11: #define HILBERT_TRANSFORMER_HPP
12:
13: // 次数の推奨値：4K+2, K: 整数
14: class Hilbert
15: {                     ┌─「次数」は 4K + 2 (K：整数) にすること
16: public:
17:     Hilbert(int order, const float hk[])
18:         : ORDER_(order), hm_((order-2)/4+1, hk), xn_(order+1, 0.0f) {}
19:
20:     // yI: 同相信号        ┌─「yQ」は「yI」に対して「位相」がπ/2遅れる
21:     // yQ: 直交信号
22:     void Execute(float xin, float& yI, float& yQ)
23:     {
24:         yQ = 0.0;
25:         xn_[0] = xin;
26:
27:         for (int k=0; k<=ORDER_/4; k++)
28:             yQ = yQ + hm_[k]*(xn_[2*k] - xn_[ORDER_-2*k]);
29:         yI = xn_[ORDER_/2];            // 同相信号
30:
31:         for (int k=ORDER_; k>0; k--) xn_[k] = xn_[k-1];
32:     }
33:
34:     void Clear() { xn_.Fill(0); }
35:
36: private:
37:     const int ORDER_;
38:     const Array<float> hm_;  // 係数
39:     Array<float> xn_;        // 入力のバッファ
40:
41:     // コピー・コンストラクタ，代入演算子の禁止のため
42:     Hilbert(const Hilbert&);
43:     Hilbert& operator=(const Hilbert&);
44: };
45: #endif  // HILBERT_TRANSFORMER_HPP
```

27、28行目の右側の注記：
$$y_Q[n] = \sum_{k=0}^{(M-2)/4} h_{2k}\{x[n-2k] - x[n-(M-2k)]\}$$
に対応する計算

[リスト解説]

・コンストラクタ

「コンストラクタ」を使う際には、「引数」として、「次数」(**式(22)** の「M」)の「order」と、「係数」に対応する「hk[]」を与えます。

・メンバ関数 Execute()

この「メンバ関数」は、**式(22)** に従って、27、28行目で「出力信号 $y_Q[n]$」を計算し、これを「参照仮引数」の「yQ」に与えます。

また、入力信号が格納される「配列xn_」の中央の要素を取り出したものが、これを「出力信号 $y_I[n]$」で、これを「参照仮引数」の「yI」に与えます。
「yQ」に与えられる信号は、「yI」に与えられる信号に対して、位相が「$\pi/2$」だけ遅れたものになります。

● SinCosMultipilier クラス

「SinCosMultipilier クラス」が定義されている「SinCosMultipilier.hpp」の内容をリスト10に示します。

リスト10　IODSP_FrqShifterHilbert¥SinCosMultiplier.hpp
「sin波」「cos波」を乗算する「SinCosMultipilier クラス」

```
 7: #include "mbed.h"
 8:
 9: #ifndef SINCOS_MULTIPLIER_HPP
10: #define SINCOS_MULTIPLIER_HPP
11:
12: class SinCosMultiplier
13: {
14: public:
15:     //  frq     乗算正弦波の周波数，単位：fs と同じ単位
16:     //  fs      標本化周波数，単位：frq と同じ単位
17:     SinCosMultiplier(const float frq, const float fs)
18:         : ÐPHI_(PI2_*frq/fs), phi_(0) {}
19:
20:     void Execute(float xC, float xS, float &mpyCos, float &mpySin)
21:     {
22:         mpyCos = xC*cosf(phi_);
23:         mpySin = xS*sinf(phi_);
24:
25:         phi_ += ÐPHI_;
26:         if (phi_ > PI2_) phi_ -= PI2_;
27:     }
28:
29: private:
30:     static const float PI2_ = 2*3.141593f;
31:     const float ÐPHI_;
32:     float phi_;
33:
34:     // コピー・コンストラクタ，代入演算子の禁止のため
35:     SinCosMultiplier(const SinCosMultiplier&);
36:     SinCosMultiplier& operator=(const SinCosMultiplier&);
37: };
38: #endif  // SINCOS_MULTIPLIER_HPP
```

> 「標本化間隔」1つ分に対応する「位相」の増加分

> <math.h> で定義されている「三角関数」は「引数」の値が大きすぎると，正確に計算できないので「引数」の範囲を 0 ～ 2π に制限している

この「クラス」は、同じ周波数の「sin波」「cos波」を乗算するために使います。

「メンバ関数 Execute()」では、乗算された結果を「参照仮引数」の「mpyCos」「mpySin」に渡します。

なお、「メンバ関数 Execute()」の中で、「sin」と「cos」の計算は、実行スピードを上げるため、「引数」および「戻り値」が「float型」のバージョンである「sinf()」と「cosf()」を使っています[31]。

31　「Mbed」で使われている「ライブラリ」では、「sin」と「cos」の計算に使う関数の「sin()」と「cos()」は「オーバーロード」されているため、「引数」が「float型」であれば、それに合わせて「引数」と「戻り値」が「float型」のバージョンが使われますが、ここでは「float型」のバージョンを使ったことを強調するため、あえて「sinf()」および「cosf()」と書いています。

● 係数

　「ヒルベルト変換フィルタ」の「係数」が定義されている「coefsHilbert142.hpp」の内容をリスト11に示します。

リスト11　IODSP_FrqShifterHilbert¥coefsHilbert142.hpp
「ヒルベルト変換フィルタ」の「係数」

```
 7: // 標本化周波数 (kHz)         10.000000
 8: // 次数                             142
 9: //                          帯域  1
10: // 下側帯域端周波数 (kHz)     0.100000
11: // 上側帯域端周波数 (kHz)     4.900000
12: // 利得                       1.000000
13: // 重み                       1.000000
14: // 偏差                       0.004034
15: // 偏差 [dB]                  0.034971
16: const int ORDER_ = 142;
17: const float HM_[(ORDER_-2)/4+1] = {                 「h₀」    「h₂」    「h₄」
18:         -2.506428E-03f, -1.085446E-03f, -1.316978E-03f, -1.578700E-03f,
19:         -1.873093E-03f, -2.202709E-03f, -2.570751E-03f, -2.979402E-03f,
20:         -3.433870E-03f, -3.935451E-03f, -4.490454E-03f, -5.102903E-03f,
21:         -5.777313E-03f, -6.520494E-03f, -7.339908E-03f, -8.243019E-03f,
22:         -9.239940E-03f, -1.034259E-02f, -1.156600E-02f, -1.292797E-02f,
23:         -1.445068E-02f, -1.616327E-02f, -1.810358E-02f, -2.032109E-02f,
24:         -2.288284E-02f, -2.588153E-02f, -2.944933E-02f, -3.378120E-02f,
25:         -3.917638E-02f, -4.611885E-02f, -5.544512E-02f, -6.873656E-02f,
26:         -8.938374E-02f, -1.262044E-01f, -2.115333E-01f, -6.363951E-01f};
                                                                     「h₇₀」
```

上のリストで、h_0、h_2、h_4 は 18 行目、h_{70} は 26 行目に対応する。

　この「係数」の定義では、1つ置きに絶対値がけた違いに小さくなっているものを取り除いています。

　また、「係数」は**図19**のように、中央の「係数」を中心に左右「奇対称（点対称）」になるので、ここでは、「係数」の前半だけを定義しています。

● 直流分除去フィルタ

「直流分除去フィルタ」には、**第5章**で説明した「Biquadクラス」を使います。

このフィルタで使う「係数」は「DC_Cut_Coefficients.hpp」で定義されており、その内容を**リスト12**に示します。

リスト12　IODSP_FrqShifterHilbert¥DC_Cut_Coefficients.hpp
「直流分除去フィルタ」の「係数」

```
 7: // 高域通過フィルタ
 8: // バタワース特性
 9: // 次数      ： 2 次
10: // 標本化周波数： 10.0000 kHz
11: // 遮断周波数 ：  0.0500 kHz
12:
13: #include "Biquad.hpp"
14:
15: const Biquad::Coefs C1_ =
16:     { 1.955578E+00f, -9.565437E-01f, -2.0f, 1.0f};
17: const float G0_ = 9.780305E-01f;
```

「係数」に対応する「構造体」で、「Biquad クラス」で定義されている

この「係数」は、**第5章**で使っている「IIRフィルタ」設計用のツール「IIR_Design」を使い、「遮断周波数」が 50 Hz で、「バタワース特性」の「2次」の「高域通過フィルタ」として設計したものです。

● 「main.cpp」の内容

「main()」関数を含む「main.cpp」の内容を**リスト13**に示します。

リスト13　IODSP_FrqShifterHilbert¥main.cpp
「ヒルベルト変換フィルタ」を利用する「位相シフタ」を使う「周波数シフタ」

```
 7: #include "MultirateLiPh.hpp"
 8: #include "HilbertTransformer.hpp"
 9: #include "coefsHilber142.hpp"
10: #include "SinCosMultiplier.hpp"
11: #include "Biquad.hpp"
12: #include "DC_Cut_Coefficients.hpp"
13: #pragma diag_suppress 870   // マルチバイト文字使用の警告抑制のため
14: using namespace Mikami;
15:
16: const int FS_ = 10;          // 入力の標本化周波数： 10 kHz
17: MultirateLiPh myAdDa_(FS_);  // 出力標本化周波数を4倍にするオブジェクト
18: Hilbert ht_(ORDER_, HM_);    // ヒルベルト変換フィルタ
19: Biquad dcCut(C1_);           // 直流分除去フィルタ
20: SinCosMultiplier v_(0.1f, FS_); // 100 Hz
21:
22: void AdcIsr()
23: {
24:     float xn = myAdDa_.Input(); // 入力
25:     xn = dcCut.Execute(G0_*xn); // 直流分除去
26:
27:     float ynI, ynQ;
28:     ht_.Execute(xn, ynI, ynQ);
```

「100 Hz」の「sin 波」，「cos 波」を乗算する「オブジェクト」

「ynI」に対して「位相」が $\pi/2$ 遅れた信号

```
29:     float mpyC, mpyS;
30:     v_.Execute(ynI, ynQ, mpyC, mpyS);
31:     float yn = mpyC - mpyS;
32:
33:     myAdÐa_.Output(yn);          // 出力
34: }
35:
36: int main()
37: {
38:     printf("\r\nヒルベルト変換器を利用する周波数シフタを実行します\r\n");
39:
40:     myAdÐa_.Start(&AdcIsr);       // 標本化を開始する
41:     while (true) {}
42: }
```

$\cos(\omega_X + \omega_1)t = \cos\omega_X t \cdot \cos\omega_1 t - \sin\omega_X t \cdot \sin\omega_1 t$ に対応する計算

[リスト解説]

　18行目が、「ヒルベルト変換フィルタ」に対応する「Hilbert クラス」の「オブジェクト ht_」の宣言です。

　「割り込みハンドラ AdcIsr()」の中では、**28行目**で、互いに「位相」が「$\pi/2$」ズレた信号「ynI」と「ynQ」を生成し、次の**30、31行目**で、**式(19)** に対応する計算を行ない、周波数がシフトされた信号「yn」を生成しています。

● 実行結果

　図26に、入力信号として「300 Hz」の「正弦波」を使った場合の結果を示します。

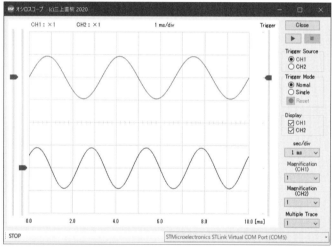

図26 「ヒルベルト変換フィルタ」を利用する「位相シフタ」を使う「周波数シフタ」を実行したときの波形
（上：入力の「300 Hz」の「正弦波」、下：周波数が「100 Hz」高い方にシフトされた出力信号の波形）

　上が「入力信号」の波形で、下が、周波数を「100 Hz」高いほうへシフトした「出力信号」の波形です。

＊

　この「周波数シフタ」は、複数の「周波数成分」からなる信号に対しても有効に働きます。

　これを確かめるため、入力信号として、「基本周波数」が「300 Hz」の「方形波」の「第5高調波」まで含む信号[32] を使った場合の、入出力信号の「スペクトル」を図27に示します。

　確かに、複数の「周波数成分」からなる信号に対しても有効に働くことが確認できます。

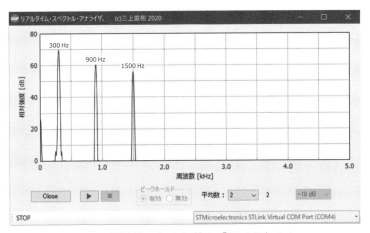

(a)　周波数のシフト前の「スペクトル」

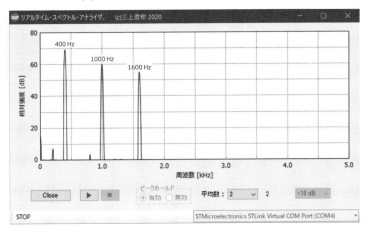

(b)　周波数を「100 Hz」高い方にシフト信号の「スペクトル」

図27　「基本周波数」が「300 Hz」の「方形波」の「第5高調波」まで含む信号に対して「ヒルベルト変換フィルタ」を利用する「位相シフタ」を使う「周波数シフタ」を実行したときの「スペクトル」

32　$x(t) = \dfrac{4}{\pi}\left\{ \sin\left(2\pi f_0 t\right) + \dfrac{1}{3}\sin\left(3 \cdot 2\pi f_0 t\right) + \dfrac{1}{5}\sin\left(5 \cdot 2\pi f_0 t\right) \right\}$

● 「直流分除去フィルタなし」で、さらに「ヒルベルト変換フィルタ」の特性が不充分な場合の実行結果

図22に示す「周波数シフタ」で、「直流分除去フィルタ」を取り除けば、この図の「ω_1」に相当する余計な周波数成分が出力に現われます。

*

また、「ヒルベルト変換フィルタ」の「通過域」の「偏差」が充分に小さくない場合には、「ω_1」だけ低いほうに「周波数シフト」した余計な周波数成分が出力に現われます。

そのときの出力信号の「スペクトル」の様子を図28に示します。

*

このとき、使って「ヒルベルト変換フィルタ」の係数は、図23に示す設計時のパラメータで、「次数」だけを、「142」から「70」に変更して得られたものを使っています。

両者の「振幅特性」の違いは、「フィルタ」の「通過域」での「偏差」の最大値で、「142次」の場合は0.03 dBであるのに対して、「70次」の場合は、約0.44 dBです。

「ヒルベルト変換フィルタ」を設計したときに得られる「通過域」での「偏差」ですが、他のパラメータが変わらなければ、「次数」を高くするほど、この「偏差」は小さくなります。

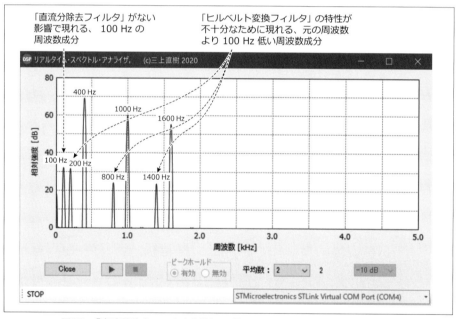

図28　「直流分除去フィルタ」がなく、「ヒルベルト変換フィルタ」の特性が
充分ではない場合の「周波数シフタ」を実行したときの「スペクトル」

6.4 「Weaver変調器」による「周波数シフタ」

■ 6.4.1 Weaver変調器

「Weaver変調器」による「周波数シフタ」の「ブロック図」と、各部分の信号を表わす式を、**図29**に示します。

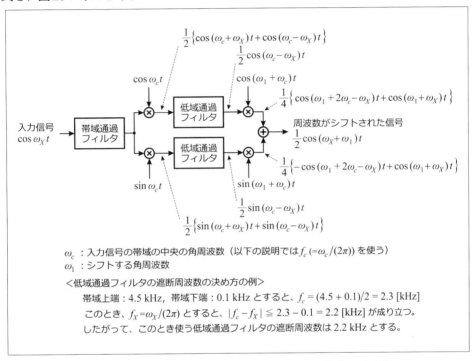

ω_c：入力信号の帯域の中央の角周波数（以下の説明では$f_c\,(=\omega_c/(2\pi))$を使う）
ω_1：シフトする角周波数
<低域通過フィルタの遮断周波数の決め方の例>
　帯域上端：4.5 kHz，帯域下端：0.1 kHz とすると、$f_c = (4.5 + 0.1)/2 = 2.3$ [kHz]
　このとき、$f_X = \omega_X/(2\pi)$ とすると、$|f_c - f_X| \leqq 2.3 - 0.1 = 2.2$ [kHz] が成り立つ。
　したがって、このとき使う低域通過フィルタの遮断周波数は 2.2 kHz とする。

図29　「Weaver変調器」による「周波数シフタ」の「ブロック図」

この図は、「正弦波」の角周波数を、「ω_X」から「ω_1」だけ高いほうへシフトして、「$\omega_X + \omega_1$」にする様子を示しています。

なお、実際にプログラムで扱う信号は「標本化」された信号（「離散時間信号」）ですが、変数を離散的な表現にすると煩雑になるので、変数は「t」としています[33]。
また、実際の信号はいろいろな「周波数成分」を含んでいますが、ここでは「ω_X（$\omega_X > 0$）」という角周波数の成分で代表させて表現しています。

＊

図29で、各部の信号について説明します。
入力信号「$\cos\omega_X t$」は、最初に帯域通過フィルタを通りますが、このフィルタは、周波数をシフトした後の信号が「標本化定理」を満足しなくなるような入力信号を除去するために設けています。

33　たとえば、「$\cos\omega_X Tn$」（T：標本化間隔、n：整数）と書かずに、「$\cos\omega_X t$」と書きます。

この信号に、「$\cos\omega_c t$」を乗算すると、次のようになります。

$$\cos\omega_X t \times \cos\omega_c t = \frac{1}{2}\left\{\cos(\omega_c+\omega_X)t + \cos(\omega_c-\omega_X)t\right\} \tag{23}$$

ここで、「ω_c」は入力信号の角周波数の帯域の中央の角周波数です。

この信号を「低域通過フィルタ」に通すので、周波数の高い「$\cos(\omega_c+\omega_X)t$」が除去されて、周波数の低い「$(1/2)\cos(\omega_c-\omega_X)t$」が残ります。

＊

次に、この信号に「$\cos(\omega_1+\omega_c)t$」を乗算すると、次のようになります。

$$\frac{1}{2}\cos(\omega_c-\omega_X)t \times \cos(\omega_1+\omega_c)t = \frac{1}{4}\left\{\cos(\omega_1+2\omega_c-\omega_X)t + \cos(\omega_1+\omega_X)t\right\} \tag{24}$$

ここで、ω_1 はシフトする角周波数です。

同様の処理を、下の経路でも行なうので、その乗算器の出力には、

$$\frac{1}{4}\left\{-\cos(\omega_1+2\omega_c-\omega_X)t + \cos(\omega_1+\omega_X)t\right\} \tag{25}$$

という信号が得られます。

＊

最後に、**式(24)** の信号と**式(25)** の信号の和を求めると、「$\omega_1+2\omega_c-\omega_X$」の成分がキャンセルされるので、「$(1/2)\cos(\omega_X+\omega_1)t$」という信号が得られます。

以上の方法で、角周波数「ω_X」の入力信号に対して、「ω_1」だけ高いほうへシフトされ、角周波数が「$\omega_X+\omega_1$」になった信号が得られます。

■ 6.4.2 「Weaver変調器」のプログラム

「Weaver変調器」を使った「周波数シフタ」のプログラム全体が入っているフォルダ（IODSP_FrqShifterWeaver）の様子を**図30**に示します。

```
□ IODSP_FrqShifterWeaver         筆者作成が作成し「Mbed」に
  ⊞ DSP_MultirateLinearphase      登録している「ライブラリ」
     Biquad.hpp ················· 第5章のリスト6に示す「Biquadクラス」
     coefficientsWeaver.hpp ····· 「Weaver変調器」で使うフィルタの「係数」,
                                   リスト14
     IirCascade.hpp ············· 第5章のリスト7に示す「IirCascadeクラス」
     main.cpp ·················· 「main()関数」が定義されている, リスト15
     SinCosMultiplier.hpp ······· 「sin」,「cos」同時発生で使う
                                   「SinCosGeneratorクラス」
  ⊞ mbed ····················· 「Mbed」の「オフィシャル・ライブラリ」
```

図30 「Weaver変調器」を使った周波数シフタ「IODSP_FrqShifterWeaver」のファイル構成

「Weaver変調器」の中では「縦続形IIRフィルタ」を使いますが、そのための「IirCascadeクラス」は**第5章**で説明しています。

そのほかに、同じ周波数の「sin波」「cos波」を乗算する「SinCosMultiplierクラス」を使いますが、これも前の節で説明しています。

● 「Weaver変調器」で使うIIRフィルタの係数

このプログラムでは、「IIRフィルタ」で作る「帯域通過フィルタ」と「低域通過フィルタ」を使いますが、それらの「係数」が定義されている「coefficientsWeaver.hpp」の内容を**リスト14**に示します。

リスト14 IODSP_FrqShifterWeaver¥coefficientsWeaver.hpp
「Weaver変調器」で使う「フィルタ」の「係数」

```
 5: #include "Biquad.hpp"
 6:
 7: //-----------------------------------------------------------
 8: // 入力帯域制限用帯域通過フィルタの係数
 9: //-----------------------------------------------------------
10: // 帯域通過フィルタ
11: // 連立チェビシェフ特性
12: // 次数        :  12 次
13: // 標本化周波数: 10.0000 kHz
14: // 遮断周波数1:   0.1000 kHz
15: // 遮断周波数2:   4.5000 kHz
16: // 通過域のリップル:  0.50 dB
17: // 阻止域の減衰量  :60.00 dB
18: const int ORDER_BPF_ = 12;   // 次数
19: const Biquad::Coefs C_BP_[ORDER_BPF_/2] = {
20:    {-1.117900E+00f, -4.066544E-01f,  1.995270E+00f,  1.0f},    // 1段目
21:    { 1.813669E+00f, -8.300773E-01f, -1.999814E+00f,  1.0f},    // 2段目
22:    {-1.720392E+00f, -8.494584E-01f,  1.969971E+00f,  1.0f},    // 3段目
23:    { 1.961536E+00f, -9.671276E-01f, -1.998809E+00f,  1.0f},    // 4段目
24:    {-1.873980E+00f, -9.686090E-01f,  1.951662E+00f,  1.0f},    // 5段目
25:    { 1.989682E+00f, -9.935435E-01f, -1.998075E+00f,  1.0f} };  // 6段目
26: const float G0_BPF_ = 4.579933E-01f;   // 利得定数
27:
28: //-----------------------------------------------------------
29: // Weaver 変調器で使う低域通過フィルタの係数
30: //-----------------------------------------------------------
31: // 低域通過フィルタ
32: // 連立チェビシェフ特性
33: // 次数        :  8 次
34: // 標本化周波数: 10.0000 kHz
35: // 遮断周波数  :  2.2000 kHz
36: // 通過域のリップル:  0.50 dB
37: // 阻止域の減衰量  :60.00 dB
38: const int ORDER_LPF_ = 8;   // 次数
39: const Biquad::Coefs C_LP_[ORDER_LPF_/2] = {
40:    { 1.081083E+00f, -3.841664E-01f,  1.681985E+00f,  1.0f},    // 1段目
41:    { 7.260264E-01f, -6.540337E-01f,  5.593080E-01f,  1.0f},    // 2段目
42:    { 4.629733E-01f, -8.612682E-01f,  3.586121E-02f,  1.0f},    // 3段目
43:    { 3.621031E-01f, -9.648632E-01f, -1.280781E-01f,  1.0f} };  // 4段目
44: const float G0_LPF_ = 1.657070E-02f;    // 利得定数
```

ここでは「Weaver変調器」で扱う周波数範囲を$0.1 \sim 4.5\,\mathrm{kHz}$とするので、「帯域通過フィルタ」の「遮断周波数」は「$0.1\,\mathrm{kHz}$」と「$4.5\,\mathrm{kHz}$」にします。

＊

　「低域通過フィルタ」の「遮断周波数」は、次のように決めます。

　扱う周波数範囲の中央は、「$(0.1+4.5)/2 = 2.3\,[\mathrm{kHz}]$」になるので、**式(23)**の「$\cos(\omega_c - \omega_x)t$」の成分を通すには、「遮断周波数」を「$|2.3-0.1| = |2.3-4.5| = 2.2\,[\mathrm{kHz}]$」にします。

● 「main.cpp」の内容

　「`main()`」関数を含む「main.cpp」の内容を**リスト15**に示します。

リスト15　IODSP_FrqShifterWeaver¥main.cpp
「Weaver変調器」を使う「周波数シフタ」

```cpp
 7: #include "MultirateLiPh.hpp"
 8: #include "IirCascade.hpp"
 9: #include "coefficientsWeaver.hpp"
10: #include "SinCosMultiplier.hpp"
11: #pragma diag_suppress 870    // マルチバイト文字使用の警告抑制のため
12: using namespace Mikami;
13:
14: const int FS_ = 10;              // 入力の標本化周波数： 10 kHz
15: MultirateLiPh myAdDa_(FS_);      // 出力標本化周波数を4倍にするオブジェクト
16:
17: // 入力帯域制限用帯域通過フィルタ，0.1 ～ 4.5 kHz
18: IirCascade bpf_(ORDER_BPF_, C_BP_, G0_BPF_);
19:
20: // Weaver 変調器で使う低域通過フィルタ，遮断周波数：2.2 kHz
21: IirCascade lpfC_(ORDER_LPF_, C_LP_, G0_LPF_);
22: IirCascade lpfS_(ORDER_LPF_, C_LP_, G0_LPF_);
23:
24: const float FL_ = 0.1f;          // 入力下限の周波数：0.1 kHz
25: const float FH_ = 4.5f;          // 入力上限の周波数：4.5 kHz
26: const float FC_ = (FL_ + FH_)/2.0f; // 帯域中央の周波数
27:
28: SinCosMultiplier v1_(FC_, FS_);
29: SinCosMultiplier v2_(FC_+0.1f, FS_);    // 100 Hz: シフトする周波数
30: void AdcIsr()
31: {
32:     float xn = myAdDa_.Input(); // 入力
33:
34:     xn = bpf_.Execute(xn);      // 帯域制限
35:
36:     float mpyC, mpyS;
37:     v1_.Execute(xn, xn, mpyC, mpyS);
38:
39:     // LPF
40:     mpyC = lpfC_.Execute(mpyC);
41:     mpyS = lpfS_.Execute(mpyS);
42:
43:     v2_.Execute(mpyC, mpyS, mpyC, mpyS);
44:
45:     float yn = 2.0f*(mpyC + mpyS);
46:
47:     myAdDa_.Output(yn);         // 出力
48: }
```

（37行目の注釈）「帯域制限」された入力信号に$\cos\omega_c t,\ \sin\omega_c t$を乗算する

（43行目の注釈）「低域通過フィルタ」の出力信号に$\cos(\omega_1 + \omega_c)\,t,\ \sin(\omega_1 + \omega_c)\,t$を乗算する

```
49:
50: int main()
51: {
52:     printf("\r\nWeaver 変調器を利用する周波数シフタを実行します\r\n");
53:
54:     myAdDa_.Start(&AdcIsr);      // 標本化を開始する
55:     while (true) {}
56: }
```

[リスト解説]

18行目が、「帯域通過フィルタ」の「オブジェクトbpf_」の宣言、21、22行目が、「低域通過フィルタ」の「オブジェクト」の「lpfC_」「lpfS_」の宣言です。

28、29行目が、同じ周波数の「sin波」「cos波」を乗算する「SinCosMultiplierクラス」の「オブジェクト」の「v1_」「v2_」の宣言です。

「割り込みハンドラAdcIsr()」の中では、「Weaver変調器」の処理を行なっています。

● 実行結果

入力信号として、「基本周波数」が「300 Hz」の「方形波」の「第5高調波」まで含む信号を使った場合の、出力信号の「スペクトル」を図31に示します。

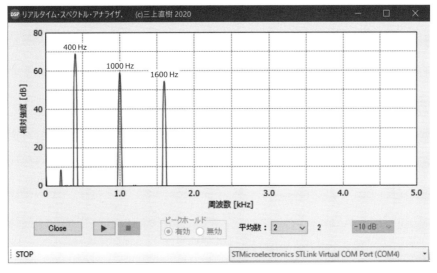

図31 「Weaver変調器」を使う「周波数シフタ」を実行したときの出力信号の「スペクトル」（入力信号は図27の場合と同じで、「基本周波数」が「300 Hz」の「方形波」の「第5高調波」まで含む信号）

第7章 信号発生法

この章では、いろいろな信号の発生方法を取り上げて、その発生方法について説明し、プログラムを作ります。

取り上げるのは以下のものです。

①「sin」の計算方法とその方法を使う「正弦波」の発生法
②「デジタル・フィルタ」を使う「正弦波」の発生法
③「直交」する2つの「正弦波」、つまり「sin波」と「cos波」の発生法
④「M系列信号」を使った「白色雑音」発生法

7.1 「sin」の計算方法とその方法を使う「正弦波」の発生法

「C/C++言語」では、「sin」や「cos」を計算したい場合は、「標準ライブラリ」を使うのが普通です。

なぜここで「sin」の計算方法を取り上げるのか疑問に思うかもしれません。

その理由は、「実行スピード」にあります。

*

「デジタル信号処理」をリアルタイムで行なう場合、「標準ライブラリ」の関数では、時間がかかりすぎるため、リアルタイムで動くプログラムを実現できないこともあります。

「標準ライブラリ」の「sin()関数」は「double型」の精度で計算するので、実行するのに時間がかかるため、「Arm」用の「コンパイラ」では、「引数」および「戻り値」が「float型」の「sinf()関数」も使えます。

「sinf()関数」を使えば、「double型」の「sin()関数」よりも、実行時間が1桁小さくなるため、高速処理が可能になります。

しかし、「マイコン」の「AD変換器」や「DA変換器」を使う場合、それらのビット幅は、多くても12ビット程度なので、この精度に見合った精度で「sin」の値を計算すれば、「float型」の「sinf()関数」よりも、実行スピードをもっと上げられます。

■7.1.1 「ミニマックス近似式」を使う「sin」の計算法

「sin」の計算方法として第一に考えられるのは、「マクローリン展開[34]」を利用する方法ですが、「マクローリン展開」を利用して計算しようとすると、「項」の数を大きくとる必要があるため、実行スピードが遅くなります。

34　0を中心とする「テーラー展開」

そこで、ここでは「マクローリン展開」で求めた「多項式」ではなく、「ミニマックス近似」で求めた「多項式」を使います。

同じ程度の精度で「sin」の計算をする場合、「ミニマックス近似」で求めた「多項式」を使えば、「マクローリン展開」で求めた「多項式」を使うよりも「項」の数を少なくできるため、実行スピードも上がります。

> ※そこで、まず「ミニマックス近似」による「多項式」の係数を求めなければなりませんが、ページ数の関係でその方法を説明できないので、求め方は、脚注の文献[35]などを参考にしてください。

本書で使っている「マイコン」の「AD変換器」や「DA変換器」は「12ビット」なので、計算誤差が「$1/2048 \fallingdotseq 4.883 \times 10^{-4}$」よりも小さければ充分です。

そこで、次の「ミニマックス近似式」を使います。

$$\sin\left(\frac{\pi}{2}x\right) \cong a_1 x + a_3 x^3 + a_5 x^5, \quad |x| \leq 1$$

$$\begin{cases} a_1 = 1.57032033 \\ a_3 = -0.64211427 \\ a_5 = 0.07186159 \end{cases} \tag{1}$$

この式を使った場合、誤差の絶対値の最大値が「6.7705×10^{-5}」になるので、「12ビット」の「AD変換器」や「DA変換器」で使うには充分な精度です。

式(1)を使う「FastSin()関数」が定義されている「FastSin.hpp」の内容を、リスト1に示します。

リスト1　IODSP_SinGeneratorPolynomial¥FastSin.hpp
「ミニマックス近似式」を使って「sin」の値を計算する「FastSin 関数」

```
 8: #ifndef FASTSIN_POLYNOMIAL_HPP
 9: #define FASTSIN_POLYNOMIAL_HPP
10:
11: namespace Mikami
12: {
13:     // 引数の範囲： -2 <= x <= 2
14:     inline float FastSin(float x)
15:     {
16:         static const float A1 =  1.570320019210f;
17:         static const float A3 = -0.642113166941f;
18:         static const float A5 =  0.071860854119f;
19:
20:         if (x >  1.0f) x =  2.0f - x;
21:         if (x < -1.0f) x = -2.0f - x;
22:         float x2 = x*x;
23:         return ((A5*x2 + A3)*x2 + A1)*x;
24:     }
25: }
26: #endif  // FASTSIN_POLYNOMIAL_HPP
```

|x| > 1 の場合に対応するための処理

「多項式」の値の計算で、計算量を減らすため「ホーナー法」を使っている

35　三上直樹：「C/C++によるディジタル信号処理入門」、第8章、CQ出版社、2009年.

[リスト解説]

　式(1)は「$|x| \leq 1$」の範囲で成り立ちますが、「sin関数」の性質を使えば、「引数x」の範囲を「-2 <= x <= 2」とすることができ、そのための処理が**20、21行目**の処理です。

　23行目では「多項式」の値を計算して、それを「戻り値」にしていますが、「多項式」の値の計算量を減らすため、ここでは「ホーナー(Hornor)法」使っています。

　この「FastSin() 関数」を使う場合は、「引数」について注意する必要があります。

　C/C++のライブラリで提供されている「sin() 関数」を使う場合は、「引数」の単位は「rad(ラジアン)」なので、「sin() 関数」の周期は「2π」です。
　また、「sin() 関数」の「引数」の範囲は特に決まっていませんが、しいてその範囲を言うならば、「引数」として与えるデータの「型」で許される範囲と言えるでしょう。

　それに対して、「FastSin() 関数」は、**式(1)**から分かるように、「引数」に「$\pi/2$ [rad]」を乗算した結果に対する「sin」の値を計算するため、周期は「2π」ではなく、「4」になります。
　さらに「引数」の範囲は、その「絶対値」が「2」以下の値でなければならず、「引数」の「絶対値」が「2」を越えた場合には、その「戻り値」は正しくありません。

■ 7.1.2 「ミニマックス近似式」を使う「sin」の計算法を利用する「正弦波発生器」のプログラム

　図1に、「ミニマックス近似式」を使う「正弦波」発生のプログラム全体が入っている「フォルダ」(IODSP_SinGeneratorPoly)の様子を示します。

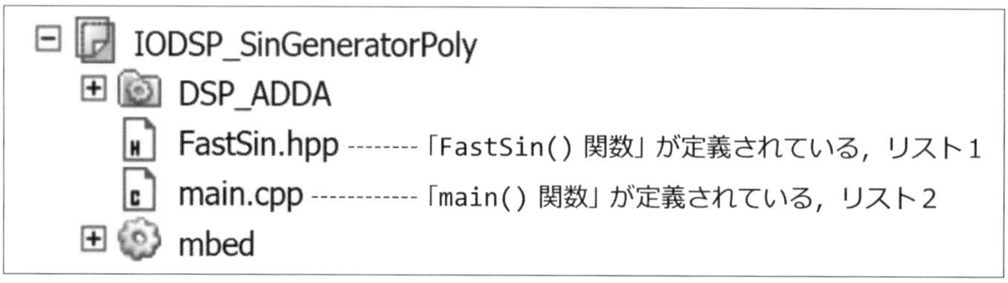

```
□ 📁 IODSP_SinGeneratorPoly
   ⊞ 📷 DSP_ADDA
      H  FastSin.hpp -------- 「FastSin() 関数」が定義されている, リスト1
      c  main.cpp ----------- 「main() 関数」が定義されている, リスト2
   ⊞ ⚙ mbed
```

図1　「ミニマックス近似式」を使う「正弦波」発生のプログラム「IODSP_SinGeneratorPoly」の「ファイル」構成

　この中の、「main() 関数」を含む「main.cpp」の内容を**リスト2**に示します。

リスト2 IODSP_SinGeneratorPoly¥main.cpp
「FastSin() 関数」を使う「正弦波発生器」

```
 7: #include "DSP_AdcIntr.hpp"
 8: #include "DSP_Dac.hpp"
 9: #include "FastSin.hpp"            ← 「sin」の値を高速に計算する「FastSin() 関数」が定義
10: #pragma diag_suppress 870  // マルチバイト文字使用の警告抑制のため
11: using namespace Mikami;                「AD 変換器」および「DA 変換器」用の「クラス」は
12:                                        前の章までのものとは異なっている
13: const float FS_ = 1000;    // 入力の標本化周波数：1 MHz
14: DspAdcIntr myAdc_(FS_, A1);    // AD 変換器用オブジェクト
15: DspDac myDac_;                 // DA 変換器用オブジェクト
16: const float C0_ = 4.0f;    ← 「FastSin() 関数」の1周期に等しい値
17: const float C0_2_ = C0_/2.0f;
18: const float DPHI_ = C0_*1.0f/FS_;    // 1 kHz に対応する値
19:
20: void AdcIsr()                      ここで「AD 変換器」のデータを読み出さない場合、
21: {                                  この「割り込みハンドラ」が終了した後、すぐに
22:     static float phi = 0;          「割り込み」が発生してしまうので、その防止のため
23:     myAdc_.Read();              // AD 変換器の変換終了ビットをリセット
24:     float yn = 0.8f*FastSin(phi);
25:     myDac_.Write(yn);      // 出力
26:
27:     phi += DPHI_;                  「FastSin() 関数」の「引数」の
28:     if (phi >= C0_2_) phi -= C0_;  ← 範囲が「-2～2」に限定される
29: }                                  ことに対処するための処理
30:
31: int main()
32: {
33:     printf("\r\n近似式を使う正弦波発生器で 1 kHz の正弦波を発生します\r\n");
34:
35:     myAdc_.SetIntrVec(&AdcIsr);    ← 「AD 変換終了割り込み」で呼び出す
36:     while (true) {}                  「割り込みハンドラ」の割り当て
37: }
```

このプログラムは、「標本化周波数」を 1 MHz として、1 kHz の「正弦波」が発生します。

前の章までのプログラムでは、「AD 変換器」および「DA 変換器」用の「クラス」として、「MultirateLiPh クラス」を使っていました。

しかし、この「クラス」を使った場合、「DA 変換器」に信号を送る際に「補間」の処理を行なっているため、ある程度の時間がかかります。

この章では、「標本化周波数」を高くしたプログラムを作りたいので、「AD 変換器」および「DA 変換器」用の「クラス」は、「MultirateLiPh クラス」ではないものを使っているため、注意してください。

[リスト解説]

「AD 変換器」用には**14行目**の「DspAdcIntr クラス」、「DA 変換器」用には**15行目**の「DspDac クラス」を使っています。

14行目の「DspAdcIntr クラス」の「オブジェクト」の宣言では、「AD 変換器」の「標本化周波数」は「1 MHz」に設定されるので、「AD 変換終了割り込み」は、「1 μs」ごとに発生して「割り込みハンドラ」の「AdcIsr()」が呼び出されます。

　「FastSin() 関数」の周期は「4」なので、**16行目**で、それに対応する定数「C0_」を定義しています。

　発生する「正弦波」の周波数は、**18行目**の「DPHI_」で決まり、このプログラムでは1kHzになるように設定しています。

・割り込みハンドラ「AdcIsr()」の内容

　「AdcIsr()」の中で、正弦波発生の処理を行ないます。

　22行目の「phi」は「static変数」になっていますが、その理由は、「AdcIsr()」が終了し、次に「AdcIsr()」が呼ばれた際に、前の呼び出し時の値が保持されている必要があるからです。

　このプログラムでは、「AD変換器」のデータは使わないのにも関わらず、**23行目**では、「AD変換器」のデータを取得するための「メンバ関数Read()」を呼び出していることに注意してください。

　本書で使っている「マイコン」に内蔵する「AD変換器」は、「AD変換終了割り込み」が発生した場合、「AD変換器」のデータを読み込めば、「割り込み」が「クリア」されるようになっていることと関係します。

　つまり、ここで「メンバ関数Read()」を使って「AD変換器」のデータを読み込まなければ「AD変換終了割り込み」が「クリア」されないため、「AdcIsr()」が終了後、直ちに「AdcIsr()」が呼ばれることになります。

　その結果、設定した「標本化周波数」に対応する時間間隔よりも短い間隔で処理が実行されることになるので、これを防ぐため、「AD変換器」のデータを「メンバ関数Read()」で読み込んでいます。

　24行目では、「FastSin() 関数」で「sin」の値を計算し、**25行目**で、その値を「DA変換器」に転送しています。

　27行目の処理は、次の「sin」の値を計算するため、「phi」の値を、「DHPI_」だけ増加させるためのものです。

　なお、「FastSin() 関数」の「引数」は、「-2 〜 2」の範囲でなければならないので、そのための処理を**28行目**で行なっています。

・main() 関数の処理

　35行目では、「AD変換終了割り込み」が発生したときに呼ばれる「割り込みハンドラ」として、**20行目**の「AdcIsr()」を設定しています。

　前の節では「sin関数」を「近似多項式」で計算する方法を使って「正弦波」を発生させましたが、**第5章**で扱った「IIRフィルタ」を使えば、もっと高速に「正弦波」を発生できます。

■ 7.2.1　「デジタル・フィルタ」による「正弦波」の発生方法

　図2に、「正弦波」の発生に使う「デジタル・フィルタ」の「ブロック図」を示します。

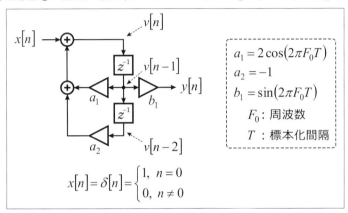

図2　「正弦波」の発生に使う「デジタル・フィルタ」の「ブロック図」

　この「フィルタ」は「IIRフィルタ」で、入力信号「$x[n]$」と出力信号「$y[n]$」の関係は、次の「差分方程式」で表わせます。

$$\begin{cases} v[n] = a_1 v[n-1] + a_2 v[n-2] + x[n] \\ y[n] = b_1 v[n-1] \end{cases}$$
$$a_1 = 2\cos(2\pi F_0 T)$$
$$b_1 = \sin(2\pi F_0 T)$$

(2)

　この「差分方程式」の「係数」を決める式で、「F_0」は発生する「正弦波」の周波数、「T」は「標本化間隔」です。

　「a_1」は発生する「正弦波」の周波数を決める「係数」で、「b_1」は発生する「正弦波」の振幅を決める「係数」です。

　この「差分方程式」で、「$v[-1]=0$」「$v[-2]=0$」という初期条件を与え、入力信号「$x[n]$」として「単位インパルス信号 $\delta[n]$」[36]を加えると、出力「$y[n]$」は次の式に示すような、「振幅1」の「正弦波」になります。

$$y[n] = \sin[2\pi F_0 T\, n]$$

(3)

36　$\delta[n] = \begin{cases} 1, & n=0 \\ 0, & n \neq 0 \end{cases}$

■ 7.2.2 「デジタル・フィルタ」による「正弦波発生器」のプログラム

図3に、「デジタル・フィルタ」を使う、「正弦波発生器」のプログラム全体が入っている「フォルダ」(IODSP_SinGeneratorIir)の様子を示します。

図3 「デジタル・フィルタ」を使う「正弦波」発生のプログラム「IODSP_SinGeneratorIir」の「ファイル」構成

＊

「デジタル・フィルタ」による「正弦波発生器」のプログラムを**リスト3**に示します。

リスト3　IODSP_SinGeneratorIir¥main.cpp
「デジタル・フィルタ」による「正弦波発生器」

```
 7: #include "DSP_AdcIntr.hpp"
 8: #include "DSP_Dac.hpp"
 9: #pragma diag_suppress 870    // マルチバイト文字使用の警告抑制のため
10: using namespace Mikami;
11:
12: const float FS_ = 1000;        // 入力の標本化周波数： 1 MHz
13: DspAdcIntr myAdc_(FS_, A1);    // AD 変換器用オブジェクト
14: DspDac myDac_;                 // DA 変換器用オブジェクト
15:
16: // 正弦波発生のための関数で使う定数
17: const float PI2_ = 6.283185f;
18: const float F0_ = 1;           // 発生する正弦波の周波数：1 kHz
19: const float A1_ = 2.0f*cosf(PI2_*F0_/FS_);
20: const float B1_ = sinf(PI2_*F0_/FS_);
21:
22: // 正弦波発生のための関数
23: float Generate()
24: {
25:     static float vn1 = 1.0f;    // v[n-1]
26:     static float vn2 = 0.0f;    // v[n-2]
27:
28:     float vn = A1_*vn1 - vn2;
29:     float sinX = B1_*vn1;
30:
31:     vn2 = vn1;  // v[n-2] ← v[n-1]
32:     vn1 = vn;   // v[n-1] ← v[n]
33:
34:     return sinX;
35: }
36:
37: void AdcIsr()
38: {
39:     myAdc_.Read();           // AD 変換器の変換終了ビットをリセット
40:     float yn = 0.8f*Generate();
41:     myDac_.Write(yn);        // 出力
42: }
43:
44: int main()
45: {
46:     printf("\r\nIIR フィルタを使う正弦波発生器で 1 kHz の正弦波を発生します\r\n");
47:
48:     myAdc_.SetIntrVec(&AdcIsr); // AD 変換終了割り込みで呼び出す割り込みハンドラの割り当て
49:     while (true) {}
50: }
```

注釈（コード中の吹き出し）:
- 「AD 変換器」および「DA 変換器」用の「クラス」は前の章までのものとは異なっている
- 「初期値」の設定
- 式(2) の「差分方程式」に対応する処理 ただし、$x[n]=0$ としている
- リスト2のプログラムと同じ理由でこの「メンバ関数」を入れている

図3 注釈:
- 「main() 関数」，「Generate() 関数」が定義されている，リスト3

このプログラムも、**リスト2**のプログラムと同様に、「標本化周波数」を1MHzとして、1kHzの「正弦波」発生します。

[リスト解説]

・「Generate() **関数**」とそこで使う定数

「Generate() 関数」で使う「定数」は、**17〜20行目**で定義しています。

図2の「ブロック図」の処理に対応する部分は**23〜35行目**の「Generate() 関数」で行ないます。

25、26行目にある「変数」の「vn1」と「vn2」は「関数」が終了しても、破棄されずに、次回にこの関数が呼び出されるまで値を保存する必要があるので、「static」にしています。

図2では、「入力信号 $x[n]$」として「天地インパルス信号 $\delta[n]$」を与えるようになっていますが、この関数では、「$x[n]=0$」として、「$v[-1]=0$」「$v[0]=1$」という初期条件を与えて、**式(2)** を「$n=1$」から順次計算するようにしています。

28、29行目が、「$x[n]=0$」としたときの**式(2)** に対応する処理になります。

最後に、**31、32行目**で、「$v[n-2] \leftarrow v[n-1]$」「$v[n-1] \leftarrow v[n]$」というデータの移動を行なっています。

・割り込みハンドラ「AdcIsr()」の内容

「AdcIsr()」の中で、正弦波発生の処理を行ないます。

39行目の「メンバ関数Read()」は、**リスト2**の場合と同じ理由で入れています。

40行目で、「Generate() 関数」の結果を受け取り、その値を**41行目**で、「DA変換器」より出力します。

「直交する正弦波」とは、互いに「位相」が「$\pi/2$」ズレた「正弦波」のことで、「sin波」と「cos波」は「直交する正弦波」です。

■ 7.3.1 「デジタル・フィルタ」による「直交する正弦波」の発生法

「直交する正弦波」は、「C/C++言語」の「標準ライブラリ」の「`sin()`関数」「`cos()`関数」を使えば、すぐ作れます。

しかし、ここでは「IIRフィルタ」を使って、より高速に「直交する正弦波」を発生する方法を説明します。

その方法ですが、「**7.2**」で説明した「IIRフィルタ」に、ちょっと手を加えれば、簡単に「直交する正弦波」を発生できます。

図4に、「直交する正弦波」の発生に使う「デジタル・フィルタ」の「ブロック図」を示します。

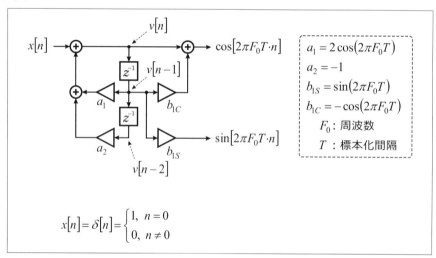

図4 「直交する正弦波」の発生に使う「デジタル・フィルタ」の「ブロック図」

この「ブロック図」に対応する「差分方程式」は次のようになります。

$$
\begin{cases}
v[n] = a_1 v[n-1] + a_2 v[n-2] + x[n] \\
\sin[2\pi F_0 T \cdot n] = b_{1S} v[n-1] \\
\cos[2\pi F_0 T \cdot n] = v[n] + b_{1C} v[n-1]
\end{cases}
$$

$$
\begin{aligned}
a_1 &= 2\cos(2\pi F_0 T) \\
a_2 &= -1 \\
b_{1S} &= \sin(2\pi F_0 T) \\
b_{1C} &= -\cos(2\pi F_0 T)
\end{aligned}
\tag{4}
$$

■7.3.2 「デジタル・フィルタ」による「直交正弦波発生器」のプログラム

　図5に、「デジタル・フィルタ」を使う「直交正弦波発生器」のプログラム全体が入っている「フォルダ」(IODSP_SinCosGeneratorIir)の様子を示します。

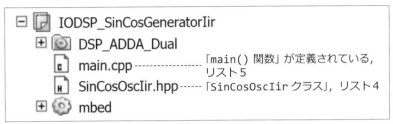

図5　「デジタル・フィルタ」を使う「直交正弦波発生器」のプログラム
「IODSP_SinCosGeneratorIir」の「ファイル」構成

　「デジタル・フィルタ」による「直交正弦波発生器」のプログラムでは、「直交正弦波発生器」に対応する部分を「クラス」とします。

●直交正弦波発生器に対応するSinCosOscIirクラス

　リスト4には「直交正弦波発生器」に対応する「SinCosOscIirクラス」を示します。

リスト4　IODSP_SinCosGeneratorIir¥SinCosOscIir.hpp
「デジタル・フィルタ」による「直交正弦波発生器」に対応する「クラス」

```
 7: #include "mbed.h"
 8:
 9: #ifndef SIN_COS_OSC_IIR_HPP
10: #define SIN_COS_OSC_IIR_HPP
11:
12: class SinCosOscIir
13: {
14: public:
15:     // コンストラクタ
16:     //     f0  周波数，fs と同じ単位
17:     //     fs  標本化周波数，f0 と同じ単位
18:     SinCosOscIir(float f0, float fs)
19:         : PI2_(6.283185f), A1_(2.0f*cosf(PI2_*f0/fs)),
20:           B1S_(sinf(PI2_*f0/fs)), B1C_(-cosf(PI2_*f0/fs)),
21:           vn1_(1.0f), vn2_(0.0f) {}
22:
23:     // sin/cos 発生
24:     void Generate(float &sinX, float &cosX)
25:     {
26:         float vn = A1_*vn1_ - vn2_;
27:         sinX = B1S_*vn1_;
28:         cosX = vn + B1C_*vn1_;
29:
30:         vn2_ = vn1_;    // v[n-2] ← v[n-1]
31:         vn1_ = vn;      // v[n-1] ← v[n]
32:     }
33:
34: private:
```

式(4) の「差分方程式」に対応する処理
ただし，$x[n] = 0$ としている

137

```
35:     const float PI2_;
36:     const float A1_, B1S_, B1C_;
37:     float vn1_, vn2_;
38:
39:     // コピー・コンストラクタ，代入演算子の禁止のため
40:     SinCosOscIir(const SinCosOscIir&);
41:     SinCosOscIir& operator=(const SinCosOscIir&);
42: };
43: #endif  // SIN_COS_OSC_IIR_HPP
```

[リスト解説]

・コンストラクタ

「コンストラクタ」では、「private」部の「データ・メンバ」を、すべて「メンバ・イニシャライザ」の機能を使って初期化するので、「実行文」はありません。

・メンバ関数 Generate()

「sin波」のほかに「cos波」も発生するため、**リスト3**の「Generate() 関数」に、**28行目**の処理を追加しています。

求めた結果は、「戻り値」ではなく「参照仮引数」で呼び出し側に渡されます。

●「main.cpp」の内容

「main()」関数は、「SinCosOscIir クラス」を使って、「直交正弦波」を「DA 変換器」から出力します。

「main.cpp」の内容を**リスト5**に示します。

リスト5　IODSP_SinCosGeneratorIir¥main.cpp　「デジタル・フィルタ」による「直交正弦波発生器」

```
 7: #include "DSP_AdcDualIntr.hpp"
 8: #include "DSP_DacDual.hpp"
 9: #include "SinCosOscIir.hpp"
10: #pragma diag_suppress 870   // マルチバイト文字使用の警告抑制のため
11: using namespace Mikami;
12:
13: const float FS_ = 1000;        // 入力の標本化周波数： 1 MHz
14: DspAdcDualIntr myAdc_(FS_, A1, A0);      これらの「AD 変換器」および「DA 変換器」用の
15: DspDacDual myDac_;                        「クラス」は 2 チャンネルに対応するものを使用
16:
17: SinCosOscIir osc_(1.0f, FS_);   // 1 kHz の sin/cos を発生するオブジェクト
18:
19: void AdcIsr()
20: {
21:     static const float AMP = 0.75f;    「DA 変換器」から出力される波形が
22:     float xn;                           クリップされるのを防ぐための「乗数」
23:     myAdc_.Read(xn, xn);   // AD 変換器の変換終了ビットをリセット
24:     float sinX, cosX;
25:     osc_.Generate(sinX, cosX);    「sin 波」，「cos 波」の発生
26:     myDac_.Write(AMP*sinX, AMP*cosX);   // 出力
27: }
28:
29: int main()
30: {
31:     printf("\r\nIIR フィルタを使う sin/cos 発生器で 1 kHz の sin/cos 波を発生します\r\n");
32:
33:     myAdc_.SetIntrVec(&AdcIsr); // AD 変換終了割り込みで呼び出す割り込みハンドラの割り当て
34:     while (true) {}
35: }
```

このプログラムでは、2つの信号を「DA変換器」から同時に出力するので、「DA変換器」用の「クラス」は、**リスト2、3**とは異なる「DspDacDualクラス」を使います。

「AD変換器」は、実際には入力のためには使わないので、**リスト2、3**で使っている「DspAdcIntrクラス」でも問題はありませんが、2チャンネルの「アナログ信号」の入力のため、「DspDacDualクラス」と「DspAdcDualIntrクラス」をまとめて1つの「ライブラリ」として「Mbed」に登録しています。

そのため、ここではこの「ライブラリ」に入っている「DspAdcDualIntrクラス」を使っています。

このプログラムも、**リスト2**のプログラムと同様に、「標本化周波数」を1MHzとして、1kHzの「直交正弦波」発生します。

＊

本書で使っている「マイコン・ボード」である「**Nucleo-F446RE**」で、「DA変換器」を2チャンネルで使う場合には、「ハードウェア」上の問題が1つあります。

今まで使ってきた「DA変換器」の出力は、「ピンヘッダ」の「A2」の端子でしたが、2チャンネル目は、「ピンヘッダ」の「D13」の端子になります。

ところが、「D13」は、「マイコン・ボード」上の「LED」のドライブ回路にも接続されているため、「DA変換器」の「D13」に対応するチャンネルから出力する場合、プラス側にはフルスイングできません[37]。

そのため、**26行目**で「DA変換器」に書き込む際に、**21行目**で定義されている「AMP」（＝0.75）を、書き込むデータに乗算して、フルスイングしないようにしています。

●実行結果

このプログラムを実行したときに「DA変換器」から出力される波形を、**図6**に示します。

この図から、2つの波形の「位相」が互いに「$\pi/2$」ズレていることが分かります。

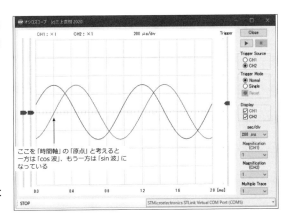

ここを「時間軸」の「原点」と考えると一方は「cos波」、もう一方は「sin波」になっている

図6　リスト5のプログラムで発生した「直交する正弦波」の波形

37　「マイコン・ボード」の裏側の「ハンダ・ブリッジ」のSB21は、最初ショートされた状態になっていますが、この部分のハンダを取り除いてオープン状態にすれば、「LED」のドライブ回路は切り離されるので、「DA変換器」の出力をフルスイングできるようになります。

　この波形をオシロスコープで観測する際は、「DA変換器」の出力である「ピンヘッダ」の「A2」と「D13」には、オシロスコープの「プローブ」以外は何も接続しないようにしてください。

　第1章の図3に示す「マイコン・ボード」の外付け回路の回路図で、「A2」のほうは、「抵抗器」と「コンデンサ」による「積分回路」を通して出力するようになっています。
　この回路により、信号の「位相」が遅れるため、第1章の図3の「出力」とある箇所と「D13」の出力波形では、「位相」のズレが「π/2」にはなりません。

　そのため、「A2」から出力される信号をオシロスコープで観測する際は、「A2」と、第1章の図3に示す「3.3kΩ」の「抵抗器」の間を切り離して、「A2」を直接オシロスコープに接続して観測するようにしてください。

7.4　「M系列信号」を使う「白色雑音」発生法

　「白色雑音」を発生する際によく使われるのが、「M系列信号」を作り、それを適切な「フィルタ」を通すという方法です。

■ 7.4.1　「M系列信号」を使って「白色雑音」を発生する方法

●M系列信号の発生方法

　「M系列信号」は「Dフリップ・フロップ」と「排他的論理和(エクスクルーシブOR；以降XORと書く)」で簡単に作ることができます。

　図7には、4段の「Dフリップ・フロップ」を使って構成する2つのタイプの「M系列信号」発生回路を示します。

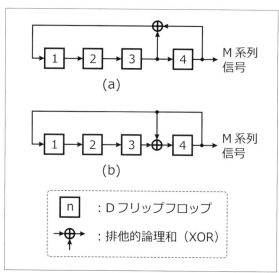

図7　4段の「Dフリップ・フロップ」による2つのタイプの「M系列信号」発生回路（クロックは省略）

　実際には、「Dフリップ・フロップ」には「クロック」を加えるのですが、この図ではその「クロック」は省略しています。

　この「ブロック図」で、「Dフリップ・フロップ」に「クロック」与えると、その「クロック」に同期して、データが左の「Dフリップ・フロップ」から右の「Dフリップ・フロップ」にシフトします。

　この「M系列信号発生器」を使う場合の注意ですが、それは、「0」と「0」の「XOR」は「0」になるので、最初にすべてのデータが「0」になっている場合に、出力は常に「0」となり、「M系列信号」が発生しない、ということです。

　そのため、「M系列信号」を発生するには、1つ以上の「Dフリップ・フロップ」のデータが「1」になっている必要があります。

> ※なお、この発生方法からも分かるように「M系列信号」の値は「0」か「1」かという「2値信号」です。

＊

　ところで、「M系列信号」の値を観測すると、「0」と「1」が、一見するとランダムに現われるように見えますが、完全にはランダムというわけではなく、周期をもっています。

　「M系列信号発生器」を構成する「Dフリップ・フロップ」の数を「N」とすると、その「周期」は「2^N-1」になりますが、「N」が大きくなると周期が急激に大きくなるので、ある程度大きな「N」に対しては、事実上「0」と「1」がランダムに現われると考えて差し支えありません。

＊

　「M系列信号発生器」の「XOR」の位置は勝手に決めることはできず、「Dフリップ・フロップ」の数「N」が変わると、「XOR」の位置も変わります。

　この「XOR」の位置は、「N」からある規則に基づいて決められますが、その「N」と「XOR」の位置の関係は脚注の文献[38]などを参考にしてください。

> ※「M系列信号発生器」を実現する場合の構成法は、**図7**に示したように二通りあり、「ハードウェア」では、通常は**図7(a)**の構成を用います。
> 　プログラムで実現する場合は、(a)の構成では処理の手順が増えるため、より高速に処理を行ないたい場合は、**図7(b)**の構成方法を使ったほうがいいでしょう。

●「M系列信号」から「白色雑音」を作る方法

　「M系列信号」は「0」か「1」かという「2値信号」のため、「白色雑音発生器」に利用する場合、そのままでは大きな「直流分」をもってしまい、都合がよくないため、通常は「0」を「-1」に対応させた信号を使います。

38　三上直樹：“はじめて学ぶディジタル・フィルタと高速フーリエ変換”、p.130、CQ出版、2005年.

　このような信号の「振幅スペクトル」は、「M系列信号発生器」に与える「クロック周期」を「T」とすると、「$1/(4\pi T)$ Hz」以下の帯域では0.1 dB以内の誤差で一様な大きさになるので、「M系列信号」を、「$1/(4\pi T)$ Hz」以上の周波数成分を除去するような「低域通過フィルタ」に通せば、「帯域制限された白色雑音」（band-limited white noise）を生成できます。

＊

　以上のことから、「白色雑音発生器」の構成は、**図8**のようになります。

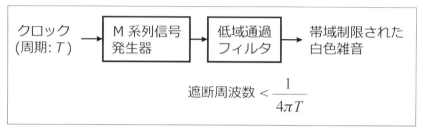

図8　「M 系列信号」を使う「帯域制限白色雑音発生器」の構成

＊

　以降で作る「白色雑音発生器」のプログラムでは「標本化周波数」を10 kHzにするので、「標本化定理」で決まる、扱えるもっとも高い周波数は5 kHzになります。

　そこで、5 kHz以下に「帯域制限」された「白色雑音」を生成することを考えると、「T」は次の式を満足する必要があります。

$$\frac{1}{4\pi T} > 5000 \tag{5}$$

　この式から、「$T < 15.92\ \mu s$」という条件が出てくるので、「M系列信号発生器」に与える「クロック周期 T」を「標本化間隔」に等しいものとすると、「標本化周波数 f_s」は次の条件を満たさなければならないことになります.

$$f_s > 62.8\ \text{kHz} \tag{6}$$

　一方、「標本化周波数」は10 kHzですから、「M系列信号発生器」の部分は「マルチレート処理」を適用する必要があります。

＊

　以下では、「M系列信号発生器」の部分の「標本化周波数」を70 kHzとしてプログラムを作るので、「DA変換器」に「M系列信号」を出力する際には「1/7」に「ダウン・サンプリング」する必要があります。

そのためには「低域通過フィルタ」が必要になりますが、プログラムでは**図9**のような「振幅特性」の「IIRフィルタ[39]」を使います。

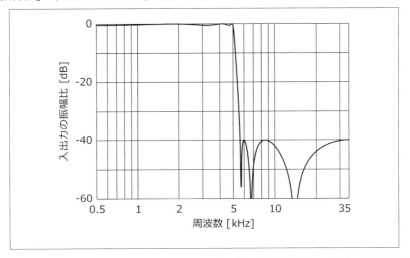

図9 「白色雑音発生器」の「ダウン・サンプリング」で使う「低域通過フィルタ」の「振幅特性」

このフィルタを設計したときに与えたパラメータは、**表1**に示します。

このとき、本来であれば、5 kHz以上で、充分に減衰させるようなフィルタが必要なため、設計時に与える「遮断周波数」は5 kHzよりも低くする必要があります。

しかし、プログラムで生成した「白色雑音」は、「DA変換器」から出力する際に、そこで使っている「クラス」による「低域通過フィルタ」の特性が効いてくるので、ここでは「遮断周波数」を5 kHzにしています。

表1 「白色雑音発生器」で使う「IIRフィルタ」を設計する際のパラメータ

次 数	6次
標本化周波数	70 kHz
遮断周波数	5 kHz
振幅特性の形状	連立チェビシェフ特性
種 類	低域通過フィルタ
通過域のリップル	0.5 dB
阻止域の減衰量	40dB

---

39 「ダウン・サンプリング」で使う「低域通過フィルタ」ですが、信号の「位相」の乱れをなくするためには「直線位相」特性のフィルタを使う必要があり、これは「FIRフィルタ」でなければ実現できません。
しかし、ここでは信号の「位相」は乱れても問題はないので、「IIRフィルタ」を使います。

■ 7.4.2 「M系列信号」を使う「白色雑音発生器」のプログラム

「白色雑音発生器」のプログラムで使うファイルが含まれる「フォルダ」（IODSP_WhiteNoiseGenerator）の様子を**図10**に示します。

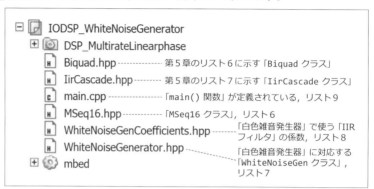

図10　「白色雑音発生器」のプログラム「IODSP_WhiteNoiseGenerator」の「ファイル」構成

● M系列信号発生で使う「MSeq16クラス」

「白色雑音発生器」では、「Dフリップ・フロップ」を16段接続した「M系列信号発生器」を使うので、その回路を**図11**に示します。

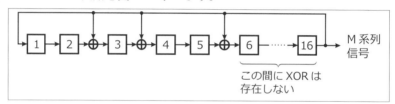

図11　プログラムで作る16段の「D フリップ・フロップ」による「M 系列信号発生回路」（クロックは省略）

図11に対応する「M系列発生器」の「MSeq16 クラス」のプログラムを**リスト6**に示します。

リスト6　IODSP_WhiteNoiseGenerator¥MSeq16.hpp
「Dフリップ・フロップ」を16段使う「M系列信号発生器」の「クラス」

```
 7: #include "mbed.h"
 8:
 9: #ifndef MSEQ16_HPP
10: #define MSEQ16_HPP
11:
12: class MSeq16
13: {
14: public:
15:     MSeq16() : reg_(1) {}
16:
17:     // 戻り値: 1 => 1, 0 => -1
18:     int Execute()
```

> このプログラムでは「データ・メンバ」「reg_」の初期値を「1」に設定しているが、この値は「0」以外であれば何でもよい

```
19:     {
20:         if ((reg_ & B_M_) == B_M_) ◄------ 16 段目の「D フリップ・フロップ」の
21:         {                                  出力が 0 か 1 かの判定
22:             reg_ = ((reg_ ^ XOR_) << 1) | 1;   // 1 の場合の処理
23:             return 1;
24:         }
25:         else
26:         {
27:             reg_ = reg_ << 1;                  // 0 の場合の処理
28:             return -1; ◄----┐
29:         }               「M 系列」の値が「0」の場合は
30:     }                   「戻り値」を「-1」がする
31: private:
32:     static const uint16_t XOR_ = (1 << (2-1))
33:                                | (1 << (3-1))
34:                                | (1 << (5-1));   // XOR の位置に対応する定数
35:     static const uint16_t B_M_ = 1 << (16-1);    // 16 段目に相当するビットを調べる
36:
37:     uint16_t reg_; ◄----- 16 段の「D フリップ・フロップ」に対応
38: };
39: #endif   // MSEQ16_HPP
```

[リスト解説]

　図11では、「XOR」を三箇所で使っていますが、これに対応するのは、**32行目**の「データ・メンバ」の「XOR_」です。

　また、16段目の「Dフリップ・フロップ」の出力が「0」か「1」かの判定は、**20行目**の「if文」で行なっていますが、ここで使っているのが、**35行目**の「データ・メンバ」の「B_M_」です。

　16段の「Dフリップ・フロップ」に対応する「データ・メンバ」は**37行目**の「reg_」で、この初期値は、「コンストラクタ」の「メンバ・イニシャライザ」の機能により、**15行目**で「1」に設定されます。

　「メンバ関数Execure()」の戻り値としては、「1」か「-1」を返すようにしています。

●白色雑音発生器のWhiteNoiseGenクラス

　「白色雑音発生器」は「WhiteNoiseGen」という「クラス」にしており、その内容をリスト7に示します。

リスト7　IODSP_WhiteNoiseGenerator¥WhiteNoiseGenerator.hpp
「白色雑音発生器」の「クラス」

```
 7: #include "MSeq16.hpp"
 8: #include "IirCascade.hpp"
 9: #include "WhiteNoiseGenCoefficients.hpp" ◄----┐ この中で、既定の「フィルタ」の
10:                                              「次数」と「係数」が定義されている
11: #ifndef WHITE_NOISE_GENERATOR_HPP
12: #define WHITE_NOISE_GENERATOR_HPP
13:
14: class WhiteNoiseGen
```

```
15: {
16: public:
17:     // デフォルト・コンストラクタ
18:     WhiteNoiseGen()
19:         : RATE_(7), iir_(WhNsGen::ORDER_, WhNsGen::CK_, WhNsGen::G0_) {}
20:
21:     // コンストラクタ
22:     //      rate      ダウンサンプリング・レート
23:     //      order     ダウンサンプリング用 IIR フィルタの次数
24:     //      ck[]      ダウンサンプリング用 IIR フィルタの係数
25:     //      g0        ダウンサンプリング用 IIR フィルタの利得定数
26:     WhiteNoiseGen(int rate, int order, const Biquad::Coefs ck[], float g0)
27:         : RATE_(rate), iir_(order, ck, g0) {}
28:
29:     ~WhiteNoiseGen() {}
30:
31:     float Execute()
32:     {
33:         for (int n=0; n<RATE_-1; n++)
34:             iir_.Execute(mSeq_.Execute());
35:         return iir_.Execute(mSeq_.Execute());
36:     }
37:
38: private:
39:     const int RATE_;      // ダウンサンプリング・レート
40:     MSeq16 mSeq_;
41:     IirCascade iir_;
42: };
43: #endif  // WHITE_NOISE_GENERATOR_HPP
```

既定の「ダウンサンプリング・レート」と「フィルタ」を
使う場合はこの「コンストラクタ」を使う

既定の「フィルタ」の「次数」と「係数」が
この「名前空間」の中で定義されている

「戻り値」が「白色雑音」

「M 系列発生器」に対応する「オブジェクト」

「ダウンサンプリング」で使う
「低域通過フィルタ」として使う
「IIR フィルタ」の「オブジェクト」

[リスト解説]

・コンストラクタ

　この「クラス」では、2つの「コンストラクタ」が定義されています。

　1つは、18、19行目の「デフォルト・コンストラクタ」で、これを使う場合は、既定の「ダウン・サンプリング・レート」である「7」と、「ダウン・サンプリング」用の「低域通過フィルタ」として、「インクルード・ファイル」の「WhiteNoiseGenCoefficients.hpp」で定義されている、既定の「次数」および「係数」を使います。

　既定の「ダウン・サンプリング・レート」および「低域通過フィルタ」以外のものを使う場合は、26、27行目の「コンストラクタ」を使います。

・メンバ関数 Execute()

　この「メンバ関数」は、「白色雑音」を生成します。

　33、34行目の「for 文」では、41行目の「IirCascade クラス」の「メンバ関数 Execute()」により、「M系列信号」に対するフィルタ操作を「RATE_-1」回繰り返し、その次の行で行なう、「M系列信号」に対するフィルタ操作の結果が「戻り値」になります。

　これで、結果として、「1/RATE_」に「ダウンサンプリング」したことになります。

● 「白色雑音発生器」で使う既定のフィルタの係数

「白色雑音発生器」の「クラス WhiteNoiseGen」では、この「クラス」を簡単に使うため、既定の「IIR フィルタ」を使えるようにしています。

この既定の「IIR フィルタ」の「次数」と「係数」が定義されているのが、「WhiteNoiseGenCoefficients.hpp」で、その内容を**リスト8**に示します。

リスト8 IODSP_WhiteNoiseGenerator¥WhiteNoiseGenCoefficients.hpp
「白色雑音発生器」で使う既定の「IIR フィルタ」の「次数」と「係数」

```
 7: #include "Biquad.hpp"
 8:
 9: // 低域通過フィルタ
10: // 連立チェビシェフ特性
11: // 次数          : 6 次
12: // 標本化周波数 : 70.0000 kHz
13: // 遮断周波数   : 5.0000 kHz
14: // 通過域のリップル : 0.50 dB
15: // 阻止域の減衰量  : 40.00 dB
16: namespace WhNsGen          ←  「IIR フィルタ」の「次数」と「係数」は
17: {                             「WhNsGen」という「名前空間」の中で定義
18: const int ORDER_ = 6;              // 次数
19: const float G0_ = 1.258022E-02f;   // 利得定数
20: // Biquad クラスの構造体 Coefs の配列で定義
21: const Biquad::Coefs CK_[] = {
22:        { 1.649669E+00f, -7.051696E-01f, -6.330490E-01f, 1.0f},  // 1段目
23:        { 1.725052E+00f, -8.744050E-01f, -1.647390E+00f, 1.0f},  // 2段目
24:        { 1.774259E+00f, -9.721955E-01f, -1.744550E+00f, 1.0f}}; // 3段目
25: }
```

この中で使っている「ORDER_」「G0_」「CK_」という名前が、他と競合することを避けるため、「WhNsGen」という「名前空間」の中で定義しています。

● 「main.cpp」の内容

「main()」関数を含む「main.cpp」の内容を**リスト9**に示します。

リスト9 IODSP_WhiteNoiseGenerator¥main.cpp
「M系列信号」を利用する「白色雑音発生器」

```
 7: #include "MultirateLiPh.hpp"          「WhiteNoiseGen クラス」が定義されている
 8: #include "WhiteNoiseGenerator.hpp"
 9: #pragma diag_suppress 870    // マルチバイト文字使用の警告抑制のため
10: using namespace Mikami;
11:                             「AD 変換器」および「DA 変換器」用の「クラス」は、この章の
12: const int FS_ = 10;         リスト2、3、5とは異なり、前の章までのものと同じ
                                // 入力の標本化周波数： 10 kHz
13: MultirateLiPh myAdDa_(FS_); // 出力標本化周波数を4倍にするオブジェクト
14: WhiteNoiseGen whiteNoise_;  // 白色雑音生成を発生するオブジェクト
15:                      「AD/DA 変換器」用に使っている「クラス」がこの章のリスト2とは
16: void AdcIsr()        異なるので、ここで「AD 変換器」のデータを読み出す必要はない
17: {
18:     float yn = whiteNoise_.Execute();  // 白色雑音生成
19:     myAdDa_.Output(yn);       // 出力
20: }
21:
22: int main()
23: {
24:     printf("\r\n白色雑音発生器を実行します\r\n");
25:
26:     myAdDa_.Start(&AdcIsr);      // 標本化を開始する
27:     while (true) {}
28: }
```

　このプログラムで、気を付けてほしい点は、「AD/DA変換器」用で使っている「クラス」が、この章の他のプログラム(**リスト2、3、5**)とは異なっており、前の章までで使っていた「MultidateLiPhクラス」を使っている点です。

　この「クラス」を使っているため、「割り込みハンドラ」である「AdcIsr()」の中で、「AD変換器」の読み込みは必要ありません。

●実行結果

　このプログラムを実行したときに「DA変換器」から出力される波形を、**図12**に示します。

　また、このプログラムで発生した「白色雑音」のスペクトルを**図13**に示しますが、5kHz付近を除くと、ほぼ一様な強度になっています。

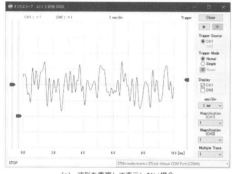
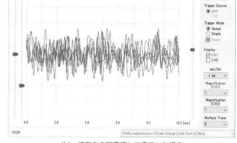

(a) 波形を重複して表示しない場合 　　　　　　 (b) 波形を5回重複して表示した場合

図12　リスト9のプログラムで発生した「白色雑音」の波形

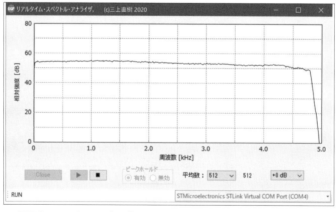

図13　リスト9のプログラムで発生した「白色雑音」のスペクトル

　5kHz付近で強度が減少しているのは、自作の「スペクトル解析器」の入力部に「遮断周波数」が4.8kHzの「低域通過フィルタ」が入っており、その影響です。

第8章 マルチレート処理

この章では、「標本化周波数」を変換する場合に使われる「マルチレート処理」を取り上げ、その考え方を説明します。

また、その応用として、次の2つを取り上げます。

①「デジタル・フィルタ」を実行する際に、「標本化周波数」を低い値に変換して計算量を削減する方法
②「標本化」された「離散時間信号」をアナログ信号に戻す際に、「標本化周波数」を高い値に変換して、**第2章の「2.4」**で取り上げている問題点を解決する方法。

8.1 「標本化周波数」の変換法

「デジタル信号処理」を行なう際に、「標本化周波数」を変えるという処理が必要になる場合が出てきます。

たとえば、「標本化周波数」が異なる機器同士を、「デジタル信号」のままで接続する際には、「標本化周波数」を変換する必要があります。

*

また、「SDR」(Software Defined Radio)のように、扱う周波数は高いが、周波数帯域がそれほど広くない信号を処理する場合でも、高い「標本化周波数」で「標本化」された信号を、計算量を減らすため、もっと低い「標本化周波数」に変換するということが、よく行なわれます。

このような場合に、「標本化周波数」を変換する方法として、「マルチレート処理」と呼ばれる手法が使われます[40]。

*

「標本化周波数」をより低くする場合に使うのが「**デシメータ**」(decimator)で、より高くする場合は「**インターポレータ**」(interpolator)が使われます。

「デシメータ」は「低域通過フィルタ」と「ダウンサンプラ」から構成され、「インターポレータ」は「低域通過フィルタ」と「アップサンプラ」から構成されます。

■8.1.1 「デシメータ」の原理

元の信号の「標本化周波数」を、より低い「標本化周波数」の信号に変換するのが、「デシメータ」(decimator)です。

40　貴家仁志："マルチレート信号処理", デジタル信号処理シリーズ第14巻, 昭晃堂, 1995年。

第2章の「標本化定理」の項目で説明したように、「標本化周波数」「F_S」で「標本化」する信号の上限の周波数「f_H」は、次の条件を満たす必要があります。

$$f_H \leq F_S/2 \tag{1}$$

そのため、「F_S」を低くすると、当然ですが、扱える周波数の上限も低くなります。

たとえば、「標本化周波数」を半分にする（$F_S \to F_S/2$）には、「標本化された信号」を、1つ置きに間引いていくという処理（ダウン・サンプリング[41]）を行なうことになります。

ところが、そうすると扱える上限の周波数も「$f_H \to f_H/2$」となるので、「標本化定理」を満たさない周波数成分が存在することになり、これが「エイリアシング」の原因になります。

そこで、「ダウン・サンプリング」の前に、「低域通過フィルタ」を設け、「標本化定理」を満たさない周波数成分を取り除く必要があります。

これを一般化して、「標本化周波数」を「1/N」にする場合の様子を表わしたものが**図1**です。

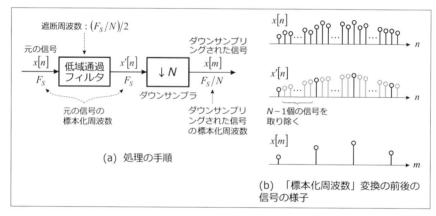

図1　「標本化周波数」を「1/N」にする「デシメータ」

図1(a) は処理の手順で、**図1(b)** は、「標本化周波数」を下げる場合の信号の様子です。

元の「標本化周波数」を「F_S」とすると、元の信号「$x[n]$」に含まれる「周波数成分」の周波数の上限は「$F_S/2$」になるので、この元の信号を何も処理をせずに「標本化周波数」を「F_S/N」変更して標本化すると、「エイリアシング」が生じます。

41　1つ置きに限らず、間のいくつかの信号を間引くことを「ダウンサンプリング」といいます。

この「エイリアシング」を防ぐには、含まれる周波数の上限が、新しい「標本化周波数」の半分である「$(F_S/N)/2$」以下になっていることが必要になるので、**図1(a)** のように、「遮断周波数」が「$(F_S/N)/2$」の「低域通過フィルタ」を通した信号である「$x'[n]$」を、最初に求めます。

＊

「$x'[n]$」に含まれる周波数の上限は「$(F_S/2)/N$」以下なので、この信号を、「F_S/N」で標本化しても「エイリアシング」は生じません。

「標本化周波数」を「F_S」から「F_S/N」へ変えるということは、**図1(b)** で「$x'[n]$」の薄い色で表わした $N-1$ 個の信号を取り除くのと同じことですから、これで「標本化周波数」「F_S/N」で「ダウン・サンプリング」された信号「$x[m]$」が得られます。

■8.1.2　「インターポレータ」の原理

元の信号の「標本化周波数」を、より高い「標本化周波数」の信号に変換するため、元の「標本化点」の間の点を、「補間」を使って求める処理を行なうのが「インターポレータ（interpolator）」です。

＊

図2 に「インターポレータ」の処理手順と、そのときの各部分の信号と、そのスペクトル、およびそこで「補間」用に使う「低域通過フィルタ」の「振幅特性」を示します。

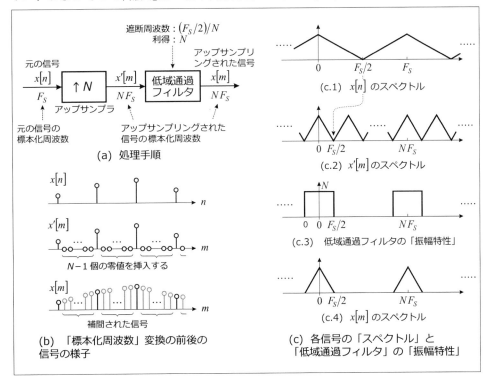

図2　「標本化周波数」を「N」倍にする「インターポレータ」

図2(a) が処理の手順になります。

＊

　まず、元の信号「$x[n]$」に対して「アップサンプラ」により、「標本化周波数」を「N倍」しますが、これは図2(b) の「$x'[m]$」のところで示すように、間に「$N-1$」個の「零値」を挿入する処理に対応します。

　この「$x'[m]$」の「スペクトル」は図2(c.2) に示しているように、周波数軸で、「F_S」ごとに繰り返します。

＊

　ところで、「周波数成分」の周波数の上限が「$F_S/2$」である信号を、「NF_S」の「標本化周波数」で「標本化」した場合、つまり「$x[m]$」の「スペクトル」は、図2(c.4) のいちばん下に示すようになります。

　そのため、「インターポレータ」では、図2(c.2) に示す「$x'[m]$」の「スペクトル」を、図2(c.4) に示す「$x[m]$」の「スペクトル」に変換する必要があり、図2(c.3) に示す「振幅特性」の「低域通過フィルタ」を通せば、実現できますが、このようなフィルタを「補間フィルタ」と呼ぶことにします。

＊

　ここで注意してほしいのは、図2(c.3) に示す「低域通過フィルタ」が「N倍」という利得をもつことです。

　この理由ですが、直感的には「$x[m]$」の「スペクトル」のエネルギーは、「$x'[m]$」の「スペクトル」のエネルギーの一部、つまり、全体の「$1/N$」になっているので、それを補正するために「N倍」しなければならないからです。

　図2(c.3) の「補間」用の「低域通過フィルタ」を通すことにより、「$x[m]$」の薄い色で表わした点が「補間」されます。

8.2 「デシメータ」を利用する「狭帯域フィルタ」とそのプログラム

「デシメータ」を利用する「信号処理」の例として、ここでは「標本化周波数」に対して非常に低い「遮断周波数」の「低域通過フィルタ」を取り上げ、その処理の方法を説明し、さらにそのプログラムを作ります。

■ 8.2.1 「CICフィルタ」を使う「デシメータ」

●「CICフィルタ」

「SDR」のように非常に高い周波数成分を含む信号を「標本化」し、それをより低い「標本化周波数」に変換する場合には、「CIC (Cascaded Integrator-Comb) フィルタ」がよく使われるので、ここでは「CICフィルタ」について説明します。

「CICフィルタ」は、**図3**に示したように、「積分器 (integrator)」と「櫛形 (comb) フィルタ」を「縦続 (cascade) 接続」した構成になります。

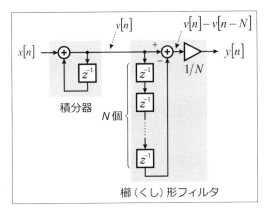

図3 「CICフィルタ」の「ブロック図」

この「CICフィルタ」に対応する「差分方程式」を**式(2)**に示します。

$$\begin{cases} v[n] = v[n-1] + x[n] \\ y[n] = \dfrac{1}{N}\left(v[n] - v[n-N]\right) \end{cases} \qquad (2)$$

この式で、「N」は「櫛形フィルタ」の「遅延器」の数に対応します。

図3や**式(3)**から分かるように、「$1/N$」の値をあらかじめ計算しておけば、「CICフィルタ」では乗算の回数が1回ですむので、通常の「FIRフィルタ」よりも計算量を大幅に減らせます。

> ※なお、この「CICフィルタ」は、**第3章**で説明した「巡回形」の「移動平均」で、**第3章の図10(b)**に示したものと、同じものです。

「CICフィルタ」の「伝達関数」「$H(z)$」を**式(2)**から求めると、次のようになります。

$$H(z) = \frac{1}{N} \cdot \frac{1-z^{-N}}{1-z^{-1}} \tag{3}$$

ただし、この式の分子を分母で割り算すると割り切れるので、この式は次のようにも表わせます。

$$H(z) = \frac{1}{N} \cdot \frac{1-z^{-N}}{1-z^{-1}} = \frac{1}{N}\left\{ 1 + z^{-1} + z^{-2} + \cdots z^{-(N-1)} \right\} = \frac{1}{N}\sum_{k=0}^{N-1} z^{-k} \tag{4}$$

「CICフィルタ」で「デシメータ」を作る場合、「標本化周波数」を「$1/N$」にするものとすると、「CICフィルタ」の「遅延器」の数は「N」にします。

＊

以降で作るプログラムでは、「標本化周波数」を「1/5」に「ダウン・サンプリング」するので、「標本化周波数」が10 kHzで、「$N=5$」の場合の「CICフィルタ」の「振幅特性」を図4に示します。

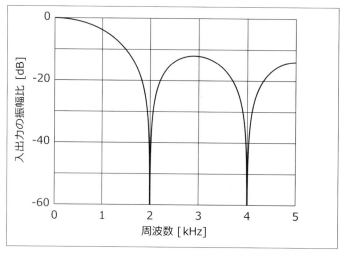

図4 「CICフィルタ($N=5$)」の「振幅特性」、「標本化周波数」が 10 kHz の場合

この図から分かるように、「CICフィルタ」1つだけでは、高い周波数の成分を充分に減衰させることはできません。

実際のプログラムでは、図5に示すように、「CICフィルタ」を「縦続接続」した、「多段CICフィルタ」使います。

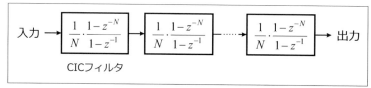

図5 「縦続接続」した「多段CICフィルタ」の「ブロック図」

図6には、「$N=5$」の「CICフィルタ」を「縦続接続」して作る「多段CICフィルタ」の、

段数を変えたときの「振幅特性」を示します。

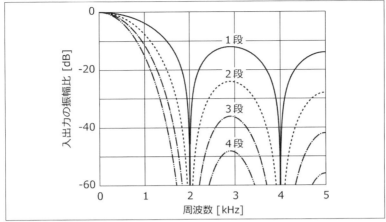

図6　「多段CICフィルタ($N=5$)」の「振幅特性」、「標本化周波数」が10kHzの場合

この図から、段数を多くすれば、高い周波数の成分を大きく減衰できることが分かります。

●「CICフィルタ」を使う「デシメータ」の方法

「CICフィルタ」を使って「ダウン・サンプリング」する方法を**図7**に示します。

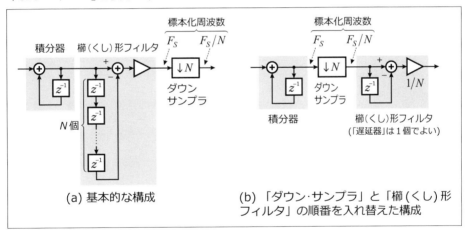

図7　「CICフィルタ」を使う「デシメータ」の構成

図7(a) で「櫛形フィルタ」の部分にN個の「遅延器」がありますが、このN個の「遅延器」による遅れと、「$1/N$」に「ダウン・サンプリング」した後の信号で1個の「遅延器」による遅れとは、同じになります。

そこで、**図7(b)** のように、「ダウンサンプラ」と「櫛形フィルタ」を入れ替えれば、「櫛形フィルタ」の「遅延器」は1個ですむため、「メモリ」の節約になる上、「遅延器」のデータ移動の回数も削減できます。

ただし、このままでは「CICフィルタ」が多段接続されていないため、高い周波数の

成分を充分に減衰させられないので、実際には**図8**に示すような「多段CICフィルタ」を使った「デシメータ」を使います。

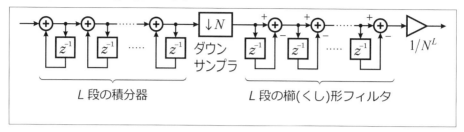

L段の積分器 **L段の櫛(くし)形フィルタ**

図8 「多段CICフィルタ」を使う「デシメータ」の構成

■ 8.2.2 「デシメータ」を使う「狭帯域フィルタ」とそのプログラム

ここでは「デシメータ」を利用して、「標本化周波数」と比べて「遮断周波数」が非常に低い「低域通過フィルタ」を作ります。

プログラムでは、「標本化周波数」を10 kHzとし、「遮断周波数」が200 Hzの「FIRフィルタ」による「低域通過フィルタ」を作ります。

＊

このように「標本化周波数」に比べて場合、「遮断周波数」が非常に低い「FIRフィルタ」を作ろうとすると、かなり次数の高いものが必要になるので、それを避けるため、1/5に「ダウン・サンプリング」してから、「FIRフィルタ」を実行するようにします。

このプログラムで使う「FIRフィルタ」の係数は、筆者の作った「FIR_Design_Remez」[42]というアプリで、**表1**のパラメータを与えて求めました。

このときの、「振幅特性」を**図9**に示します。

図9 「デシメータ」を利用する、「標本化周波数」と比べて「遮断周波数」が非常に低い「低域通過フィルタ」の振幅特性

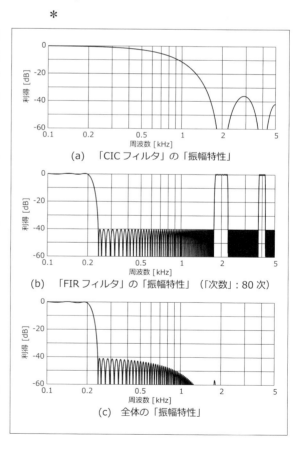

(a) 「CICフィルタ」の「振幅特性」

(b) 「FIRフィルタ」の「振幅特性」 (「次数」：80次)

(c) 全体の「振幅特性」

---

42 工学社のサイトからダウンロードできます。

表1　「デシメータ」を利用する「狭帯域フィルタ」の設計時に与えたパラメータ

次数	80	
標本化周波数(kHz)	2	
	帯域1(通過域)	帯域2(阻止域)
下側帯域端周波数(kHz)	0.0	0.24
上側帯域端周波数(kHz)	0.2	1
利得	1	0
重み	1	4

　「CICフィルタ」は、3段「縦続接続」したもので、「FIRフィルタ」の「次数」は「80次」です。

　「FIRフィルタ」は1/5に「ダウン・サンプリング」された状態、つまり「標本化周波数」が2kHzで実行されるため、図9(b)に示すように1kHz以上は「エイリアシング」の影響が現われます。

　しかし、「CICフィルタ」で高い周波数の成分が減衰するため、全体としては、図9(c)に示すような振幅特性になります。

> ※なお、**図9(c)**と同程度の「振幅特性」の「FIRフィルタ」を、「CICフィルタ」を利用する「デシメータ」を使わずに実現する場合、「FIRフィルタ」の「次数」は「400次」程度という、非常に大きな「次数」が必要になります。

　参考までに、このフィルタと同程度の「FIRフィルタ」を「400次」として設計した場合の振幅特性を図10に示します。

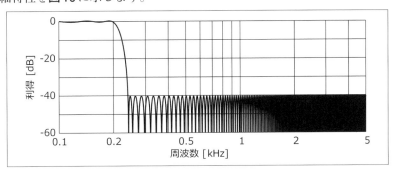

図10　図9(c)と同程度の「振幅特性」の「FIRフィルタ」を、「CICフィルタ」を利用する「デシメータ」を使わずに作った場合の「振幅特性」(「FIRフィルタ」の「次数」:400次)

図11に、「デシメータ」を使う「狭帯域フィルタ」のプログラム全体が入っている「フォルダ」（IODSP_DownSamplingFilter）の様子を示します。

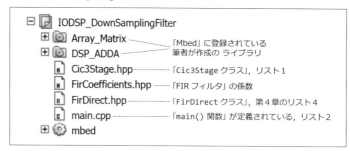

```
□ 📄 IODSP_DownSamplingFilter
    ⊞ 📦 Array_Matrix ----------------┐「Mbed」に登録されている
    ⊞ 📦 DSP_ADDA -------------------┘筆者が作成の ライブラリ
       📄 Cic3Stage.hpp -------------「Cic3Stage クラス」，リスト1
       📄 FirCoefficients.hpp --------「FIR フィルタ」の係数
       📄 FirDirect.hpp --------------「FirDirect クラス」，第4章のリスト4
       📄 main.cpp -----------------「main() 関数」が定義されている，リスト2
    ⊞ ⚙ mbed
```

図11 「デシメータ」を使う「狭帯域FIRフィルタ」のプログラム「IODSP_DownSamplingFilter」の「ファイル」構成

●「デシメータ」で使う「Cic3Stageクラス」

「デシメータ」で使う「Cic3Stage クラス」のプログラムを**リスト1**に示します。

**リスト1　IODSP_DownSamplingFilter¥Cic3Stage.hpp
「デシメータ」で使う「Cic3Stageクラス」**

```cpp
 7: #include "mbed.h"
 8:
 9: #ifndef CIC3_FILTER_CLASS_HPP
10: #define CIC3_FILTER_CLASS_HPP
11:
12: class Cic3Stage
13: {
14: public:
15:     // コンストラクタ
16:     //     rate ダウンサンプリングの率，1/5 にダウンサンプリングする場合は 5
17:     //     amp  データの振幅を整数にするための値
18:     Cic3Stage(int rate, float amp)
19:         : A0_(amp), G0_(1.0f/(amp*rate*rate*rate)),
20:           vn1_(0), vn2_(0), vn3_(0), vn3M1_(0), yn1M1_(0), yn2M1_(0) {}
21:
22:     // 積分器
23:     void Integrate(float xn)
24:     {
25:         vn1_ += (int32_t)(A0_*xn);  // 積分器1段目
26:         vn2_ += vn1_;               // 積分器2段目
27:         vn3_ += vn2_;               // 積分器3段目
28:     }
29:
30:     // くし形フィルタ
31:     float CombFilter()
32:     {
33:         int32_t yn1 = vn3_ - vn3M1_;   // くし形フィルタ1段目
34:         int32_t yn2 = yn1 - yn1M1_;    // くし形フィルタ2段目
35:         int32_t yn3 = yn2 - yn2M1_;    // くし形フィルタ3段目
36:
37:         vn3M1_ = vn3_;  // 現在の値を保存，くし形フィルタ1段目
38:         yn1M1_ = yn1;   // 現在の値を保存，くし形フィルタ2段目
39:         yn2M1_ = yn2;   // 現在の値を保存，くし形フィルタ3段目
40:
41:         return G0_*yn3;
42:     }
43:
44: private:
45:     const float A0_;
```

「-1 ～ 1」の範囲の「float 型」のデータを「整数」に変換して演算するために乗算する「乗数」として使う

「-1 ～ 1」の範囲の「float 型」のデータを「整数」に変換して「積分器」に入力している

「積分」の計算は「整数」で行っている

「戻り値」は「float 型」

3段目の積分器の出力

「櫛形フィルタ」の計算は「整数」で行っている

ここは「float 型」の「浮動小数点演算」

```
46:     const float G0_;
47:     int32_t vn1_, vn2_, vn3_;        // 積分器で使う変数
48:     int32_t vn3M1_, yn1M1_, yn2M1_; // くし形フィルタで使う変数
49:
50:     // コピー・コンストラクタ，代入演算子の禁止のため
51:     Cic3Stage(const Cic3Stage&);
52:     Cic3Stage& operator=(const Cic3Stage&);
53: };
54: #endif  // CIC3_FILTER_CLASS_HPP
```

この「クラス」は3段の「CICフィルタ」に対応するもので、「積分器」に対応する「Integrate()」と「櫛形フィルタ」に対応する「CombFilter()」という2つの「メンバ関数」をもっています。

[リスト解説]

・コンストラクタ

ここでは、「データ・メンバ」の初期設定だけを行なっています。

「A0_」は、−1.0〜1.0の範囲の値を「整数演算」として扱うための大きな値で、「引数」の「amp」で設定されます。

「G0_」の値は、図8の「$1/N^L$」に対応する数と、「amp」の逆数の積として設定されます。

※なお、「$1/N^L$」で、Nは「ダウン・サンプリング・レート」で、「引数」の「rate」で与えられる値、Lは「CICフィルタ」の段数で、このプログラムでは「3」に固定しています。

・メンバ関数 Integrate()

この「メンバ関数」は、「積分器」の処理を行ないますが、**第3章の「3.3」**で示したように、入力信号に「直流分」が重畳していた場合に、ここで「浮動小数点演算」を行なった場合にうまく働かないので、**第3章のリスト5**の場合と同様に「整数演算」で処理を実行しています。

一方「引数」は「float型」で、「−1.0〜1.0」の範囲の値を想定しているので、そのままでは「整数演算」ができないため、**25行目**で示すように、「引数」の「xn」に、「コンストラクタ」で設定される「A0_」という大きな定数を乗算して、1段目の「積分器」の入力にしています。

この「メンバ関数」では、3段目の「積分器」の出力が処理結果になります。

この結果は、同じ「クラス」の「メンバ関数 CombFilter()」の入力になるため、「データ・メンバ vn3_」に出力しています。

そのため、この「メンバ関数 Integrate()」には「戻り値」がないことに注意してください。

・メンバ関数 CombFilter()

この「メンバ関数」は、「櫛形フィルタ」の処理を行ないます。

「櫛形フィルタ」の一段目の「入力」は、3段目の「積分器」の出力になるので、「入力」に対応する「引数」はなく、「入力」として「vn3_」を使います。

33行目の「櫛形フィルタ」の1段目は、現在の入力「vn3_」と、1つ前の入力「vn3M1_」との「差」として計算を行ないます。

41行目の「return文」で、「G0_」を乗算して「戻り値」としていますが、この中には、「メンバ関数Integrate()」の中で、入力に「A0_」を乗算した結果を元に戻すための値も含まれています。

●「FIRフィルタ」の「係数」

「FIRフィルタ」の「係数」は「FirCoefficients.hpp」に入っていますが、「ソース・リスト」は省略します。

●「main.cpp」の内容

「main()関数」を含む「main.cpp」の内容を**リスト2**に示します。

リスト2　IODSP_DownSamplingFilter¥main.cpp
「デシメータ」を利用する「狭帯域FIRフィルタ」

```
 7: #include "DSP_AdcIntr.hpp"
 8: #include "DSP_Dac.hpp"
 9: #include "FirCoefficients.hpp"    ◄---- このプログラムで使う「FIRフィルタ」の「係数」
10: #include "FirDirect.hpp"
11: #include "Cic3Stage.hpp"
12: #pragma diag_suppress 870    // マルチバイト文字使用の警告抑制のため
13: using namespace Mikami;            「AD変換器」および「DA変換器」用の「クラス」は
14:                                    「MultirateLiPh」ではないので注意すること
15: const int DS_RATE_ = 5;         // 1/5 にダウンサンプリング
16: const int FS_ = 10;             // 入力の標本化周波数： 10 kHz
17: DspAdcIntr myAdc_(FS_, A1);     // AD変換器用オブジェクト
18: DspDac myDac_;                  // DA変換器用オブジェクト
19: Cic3Stage cic_(DS_RATE_, 4096); // CIC フィルタのオブジェクト
20: FirDirect fir_(HK_, ORDER_);    // FIR フィルタのオブジェクト
21: bool cicOn_ = true;
22:
23: void AdcIsr()
24: {
25:     static int count = 0;
26:     float xn = myAdc_.Read();   // 入力
27:     cic_.Integrate(xn);◄------  // 積分器の処理
28:                            「積分器」の処理の結果は「Cic3Stage クラス」の
29:     if (++count >= DS_RATE_)    「データ・メンバ」に保存される
30:     {
31:         count = 0;                   「櫛形フィルタ」の入力は「Cic3Stage クラス」の
32:         // ダウンサンプリング後の処理  「データ・メンバ」に保存されている値を使う
33:         float yn = cic_.CombFilter();  // 櫛形フィルタ
34:         if (!cicOn_) yn = xn;◄----
35:         yn = fir_.Execute(yn);         // FIR フィルタの処理
36:         myDac_.Write(yn);              // 出力
37:     }        この処理は「AdcIsr()」が5回        「CIC フィルタ」の
38: }            呼出されるごとに1回行う            有効／無効の切替え
39:
40: int main()
41: {
42:     printf("\r\nダウンサンプリングを使う直接形 FIR フィルタを実行します\r\n");
43:     printf("'y' で CIC フィルタは有効，それ以外で CIC フィルタは無効になります\r\n");
44:
45:     myAdc_.SetIntrVec(&AdcIsr()); // AD 変換終了割り込みで呼び出す割り込みハンドラの割り当て
46:     while (true)
```

```
47:    {
48:        char yesNo = getchar();
49:        printf("%c", yesNo);
50:        cicOn_ = (yesNo == 'y') ? true : false;
51:    }
52: }
```

「PC」の「ターミナル・ソフト」により「CICフィルタ」の有効／無効を切替えるための処理

[リスト解説]

　「ダウン・サンプリング・レート」は、**15行目**の定数「DS_RATE_」で決まり、ここでは1/5に「ダウン・サンプリング」するので「5」としています。

　このプログラムでは、「標本化周波数」が入力と出力で違っているので、他の章で「デジタル・フィルタ」のプログラムを作る際に使っている、「AD変換器」、「DA変換器」用の「MultirateLiPhクラス」は使えません。
　そのため、「AD変換器」用には**17行目**の「DspAdcIntrクラス」、「DA変換器」用には**18行目**の「DspDacクラス」を使っています。
＊
　19行目では、3段の「CICフィルタ」に対応する「Cic3Stageクラス」の「オブジェクトcic_」を宣言しています。
　ここで、「第2引数」の「4096」は、「Cic3Stageクラス」の処理の中で、「-1.0～1.0」の範囲の値を整数化して演算する際の乗数で、使っている「マイコン」に内蔵する「AD変換器」が12ビットなので、1ビット分余裕をもって、この値にしています。
　使う「AD変換器」のビット数が変われば、それに応じた数を使う必要があります。
＊
　20行目では、**第4章**の「**4.5**」で作った「FIRフィルタ」に対応「FirDirectクラス」の「オブジェクトfir_」を宣言しています。
＊
　「AD／DA変換」の処理と、「ダウン・サンプリング」および「FIRフィルタ」の処理は、**23～38行目**の「割り込みハンドラAdcIsr()」の中で行なっています。

　「AD変換」された入力信号は、**27行目**で「CICフィルタ」の「積分器」に入力されます。
　「ダウン・サンプリング」は、**29行目**の「if文」で、5回に1回、この「if文」の条件が満足されることを利用して行なっています。
　この条件が満足された場合は、**33行目**で「櫛形フィルタ」の処理を行ない、その結果に対してさらに**35行目**で「FIRフィルタ」の処理を行ない、その結果を、**36行目**で「DA変換器」に出力しています。

＊
　なお、このプログラムは、「CICフィルタ」を使わない場合の影響を確かめるため、**34行目**で、「CICフィルタ」の処理を有効にするか無効にするかの切替えを行なっています。
　この指令は「PC」の「ターミナル・ソフト」から行なっており、対応する処理が、**48～50行目**です。

■ 8.2.3 「デシメータ」を使う「狭帯域フィルタ」のプログラムの実行結果

「デシメータ」で使っている「CICフィルタ」の効果を確かめるため、入力信号として2.2 kHzの正弦波を使い、**リスト2**のプログラムから「CICフィルタを除去した場合」と、「除去しない場合」の出力波形を**図12**に示します。

リスト2のプログラムの「FIRフィルタ」は、0.2 kHzまでを「通過域」で0.24 kHz以上は「阻止域」として設計しています。

そのため、「CICフィルタ」の処理を有効にしていれば、「振幅特性」は**図10(c)**のようになっているので、当然ですが**図12(a)**に示すように、2.2 kHzの正弦波は出力には現われません。

＊

一方、「CICフィルタ」の処理を無効にした場合は、フィルタの「振幅特性」は**図10(b)**のようになっているので、出力には2.2 kHzの正弦波が現われます。

ただし、この場合「ダウン・サンプリング」されているので、出力の「標本化周波数」は2 kHzになります。

そのため「エイリアシング」が発生して、**図12(b)**に示すように、0.2 kHzの正弦波を2 kHzで「標本化」[43]したときのような波形が現われます。

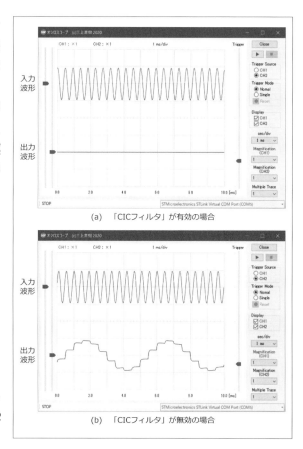

(a)　「CICフィルタ」が有効の場合

(b)　「CICフィルタ」が無効の場合

図12　「デシメータ」を使う「狭帯域FIRフィルタ」のプログラムの実行結果（入力信号：2.2 kHzの正弦波）

43　0.2 = 2.2 - 2.0

<table>
<tr><td>8.3</td><td>「インターポレータ」を利用する
「アップ・サンプリングDA変換」と、そのプログラム</td></tr>
</table>

第2章の「2.4」では、「DA変換器」に出力する際に「アップ・サンプリング」を使い、「補間」したデータを「DA変換器」に出力すれば、「標本化定理」で決まる上限に近い周波数成分をもつ信号であっても、その波形をうまく表示できることを示しました。

しかし、そこでは「アップ・サンプリング」する方法については説明していなかったので、この節で「インターポレータ」(interpolator) を使って「アップ・サンプリング」する方法と、そのプログラムについて説明します。

■8.3.1 「インターポレータ」で使う「低域通過フィルタ」[44]

8.1.2では「インターポレータ」の原理と、そこで使う「補間」用の「低域通過フィルタ」の基本的な性質について説明しましたが、これだけでは実際のプログラムは作れません。

そこで、ここでは「補間」用に使う「FIRフィルタ」で作る「低域通過フィルタ」が持っていなければならない性質について説明します。

＊

以下では、一般的な「アップ・サンプリング」の倍率で説明すると、分かりにくくなるので、「アップ・サンプリング」の倍率は「4」、つまり、「アップ・サンプリング」により「標本化周波数」を4倍にするものとして説明します。

＊

図13には、「アップ・サンプリング」前後の信号の様子を示します。

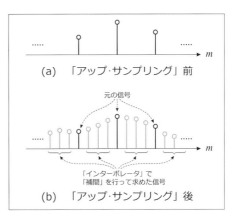

(a) 「アップ・サンプリング」前

元の信号

「インターポレータ」で「補間」を行って求めた信号

(b) 「アップ・サンプリング」後

図13 「アップ・サンプリング」前後の信号の様子

図13(b) で、濃い黒色で表わした信号は、「アップ・サンプリング」する前の元の信号と同じもので、薄い色で表わした信号が、「インターポレータ」で「補間」を行なって求めた信号です。

この「インターポレータ」の処理は「低域通過フィルタ」で行ないますが、例として7個の「係数」をもつ「FIRフィルタ」(次数は「6」)を使うものとして、その計算の様子を図14に示します。

---

44 「インターポレータ」で使う「低域通過フィルタ」の詳しい議論を知りたい読者のために参考文献を示します。
R. W. Shafer, L. R. Rabiner: "A digital signal processing approach to interpolation," Proceedings of IEEE, vol.61, pp.692-702, June 1973.

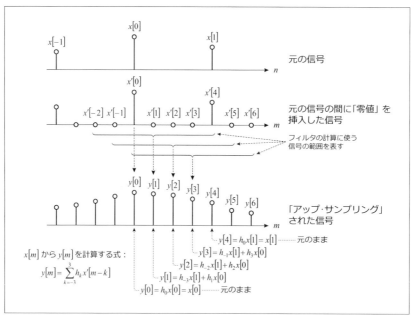

図14 「インターポレータ」で行なう「補間」処理の例（「係数」が7個の「FIRフィルタ」を使う場合）

この図を使い、「FIRフィルタ」の計算には次の式を使うものとして説明します。

$$y[m] = \sum_{k=-3}^{3} h_k x'[m-k] \tag{5}$$

この式で、「$x'[m]$」は、元の信号「$x[n]$」に対して、間に「$N-1$」個の「零値」を挿入した信号です。

式(5) を計算する際に、「$x'[n]$」の値の中で「n」が「4の倍数」でないものは「0」なので、実際の計算量は少なくなります。

たとえば「$y[1]$」を計算するものとすると、次のようになります。

$$
\begin{aligned}
y[1] &= h_{-3}x'[4] + h_{-2}x'[3] + h_{-1}x'[2] + h_0 x'[1] + h_1 x'[0] + h_2 x'[-1] + h_3 x'[-2] \\
&= h_{-3}x'[4] + h_1 x'[0] \\
&= h_{-3}x[1] + h_1 x[0]
\end{aligned} \tag{6}
$$

残りの「$y[2]$」「$y[3]$」も結果だけ示すと、その計算は次のようになります。

$$
\begin{cases}
y[2] = h_{-2}x[1] + h_2 x[0] \\
y[3] = h_{-1}x[1] + h_3 x[0]
\end{cases} \tag{7}
$$

また、「$y[0]$」は「$h_0 x[0]$」となりますが、「$h_0 = 1$」なので、「$x[0]$」を何も処理をせずに、そのまま使います。

同様に、「$y[4]$」は、「$x[1]$」を何も処理をせずに、そのまま使います。

このときにポイントとなるのが、「FIRフィルタ」の「係数」の決め方です。

「n」が4の倍数の場合に「$y[n]$」は元の信号と同じ（つまり「$y[0]=x[0]$，$y[4]=x[1]$，……」）になる、ということを考慮して「係数」を決める必要があります。

式(5)では係数の数が少ないためうまく説明できないので、この式を一般化して、次のように表わします。

$$y[m] = \sum_{k=-M}^{M} h_k x'[m-k], \quad M > 4 \qquad (8)$$

そうすると、「標本化周波数」を4倍にする場合は、「係数 h_k」は次の条件を満足する必要があります。

$$h_k = \begin{cases} 0以外の値, & k \neq 4の倍数 \\ 1, & k = 0 \\ 0, & k = 4の倍数 \end{cases} \qquad (9)$$

また、「係数 h_k」は次の式に示すように対称でなければなりません。

$$h_k = h_{-k} \qquad (10)$$

＊

以上をまとめると、「インターポレータ」で使う「補間」用の「低域通過フィルタ」の「係数」は図15のようになります。

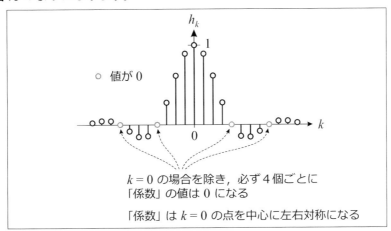

図15 「インターポレータ」で使う「低域通過フィルタ」の「係数」の様子（「標本化周波数」を4倍にする場合）

次に作るプログラムでは、図16に示すように、フィルタを切り替えながら「インターポレータ」の処理を行ないます。

スイッチがいちばん上の場合は、入力信号をそのまま出力し、それ以外は、実行するフィルタを切り替えながら出力していきます。

165

　このときの各フィルタの係数ですが、**図16(b)** に示すように、「インターポレータ」の説明で使った**図2**の「低域通過フィルタ」の「係数」から、最初に取り出す位置を1つずつズラし、3個空けながら順番に取り出した「係数」を、「$H_1(z)$」「$H_2(z)$」「$H_3(z)$」の各フィルタの係数とします。

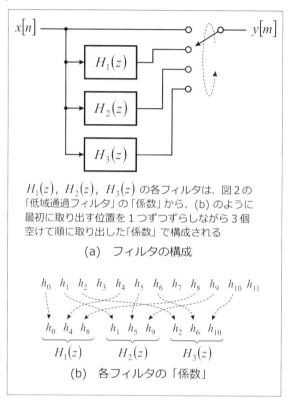

$H_1(z),\ H_2(z),\ H_3(z)$ の各フィルタは、図2の「低域通過フィルタ」の「係数」から、(b) のように最初に取り出す位置を1つずつずらしながら3個空けて順に取り出した「係数」で構成される

(a)　フィルタの構成

(b)　各フィルタの「係数」

図16　「インターポレータ」の処理をフィルタの切換えで行なう方法

■8.3.2 「インターポレータ」のプログラムで使うフィルタの「係数」

　「インターポレータ」で使うフィルタの「次数」は偶数であればよいのですが、**図16**に示す方法でプログラムを作ることを考えると、各フィルタ「$H_1(z)$」「$H_2(z)$」「$H_3(z)$」の「係数」の数は同じであったほうがプログラムを作りやすくなります。

　その場合の次数は、N倍に「アップ・サンプリング」するものとすると、次の式のように決める必要があります。

次数 $= N \times$ 偶数 $- 2$ $\hspace{3cm}$ (11)

　これから説明するプログラムで使う係数は、筆者の作った「FIR_Design_Windowing」[45]というアプリで、**表2**のパラメータを与えて求めたものです。
　このアプリで求められるフィルタの「係数」は、必ず対称、つまり**式(10)**の条件を満足するように作ってあります。

　45　工学社のサイトからダウンロードできます。

このアプリでは、フィルタ設計の際に使う「窓関数」を選択できるようになっていますが、フィルタの「阻止域」の減衰量を指定できることから、今回は「Kaiser窓」を使います。

表2のパラメータを与えるときのポイントは2つあり、それは「**次数**」と「**遮断周波数**」の与え方です。

表2　「インターポレータ」で使う「FIRフィルタ」の設計時に与えたパラメータ

次数	70
標本化周波数(kHz)	40 kHz※
使用する窓関数	Kaiser窓
種類	LPF(低域通過フィルタ)
阻止域の減衰量	40 dB
遮断周波数	5 kHz※

> ※「標本化周波数」と「遮断周波数」は、それぞれ「40 kHz」「5 kHz」となっていますが、この値は、両者の「比」が「8:1」になっていれば、周波数の値自体は何であっても、同じ結果が得られます。

「次数」は、**式(11)**を満足するような値を与えます。

「遮断周波数」は「標本化周波数」と、「アップ・サンプリング」する倍率で決まり、「アップ・サンプリング」の倍率をN倍とすると、以下の式で計算される値を与えます。

$$遮断周波数 = \frac{標本化周波数}{2N} \tag{12}$$

ここでは「アップ・サンプリング」の倍率を4倍にするので、「遮断周波数」は「標本化周波数」の「1/8」に設定すれは、周波数の値自身は何であっても、求められる「係数」は同じ値になります。

フィルタの「遮断周波数」をこれ以外の値に設定すると、**式(9)**の条件は満足されません。

図17には、この「FIR_Design_Windowing」でフィルタの係数を設計したときの画面を示します。

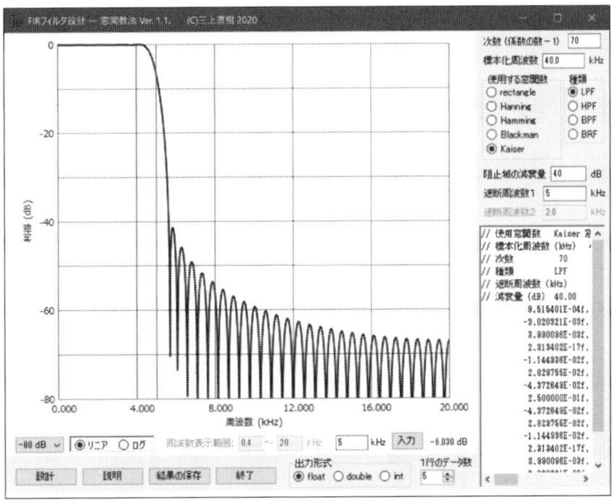

図17　「インターポレータ」で使うフィルタを「FIR_Design_Windowing」で設計した際の様子

この図では、「係数」の様子が分かりにくいので、**図18**に「係数」を示します。

図18に示す「係数」は、**図16**で示した各フィルタ「$H_1(z)$」「$H_2(z)$」「$H_3(z)$」に対応するように表わしており、たとえば「$H_1(z)$」として使う「係数」は、いちばん左の列の数値を、上から順番に使います。

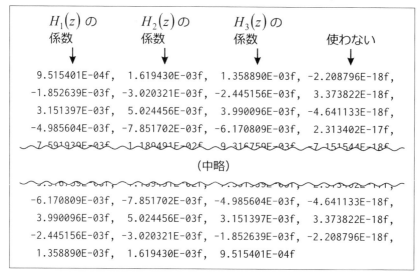

$H_1(z)$ の係数	$H_2(z)$ の係数	$H_3(z)$ の係数	使わない
9.515401E-04f,	1.619430E-03f,	1.358890E-03f,	-2.208796E-18f,
-1.852639E-03f,	-3.020321E-03f,	-2.445156E-03f,	3.373822E-18f,
3.151397E-03f,	5.024456E-03f,	3.990096E-03f,	-4.641133E-18f,
-4.985604E-03f,	-7.851702E-03f,	-6.170809E-03f,	2.313402E-17f,
7.591930E-03f,	1.180491E-02f,	9.316750E-03f,	-7.151544E-18f,

(中略)

-6.170809E-03f,	-7.851702E-03f,	-4.985604E-03f,	-4.641133E-18f,
3.990096E-03f,	5.024456E-03f,	3.151397E-03f,	3.373822E-18f,
-2.445156E-03f,	-3.020321E-03f,	-1.852639E-03f,	-2.208796E-18f,
1.358890E-03f,	1.619430E-03f,	9.515401E-04f	

図18　「インターポレータ」の処理で使うフィルタの係数

ただし、8.1.2「インターポレータ」の原理で説明したように、「インターポレータ」で使うフィルタは、通過域の利得を「アップ・サンプリング」する倍率と等しくする必要があるので、プログラムでは、これらの値を4倍にしたものを使います。

また、いちばん右側の係数は、**式(9)**の「$k=0$」および「$k=4$」の倍数に対応するもので、プログラムでは使いません。

※なお、このいちばん右側の係数は「$k=0$」を除いて本来は「0」になるはずですが、「0」にはならずに非常に小さな値にはなっているのは、プログラムで数値計算を行なう際の演算誤差の影響です。

「DA変換器」に出力する際に、「標本化周波数」を4倍に「アップ・サンプリング」して出力するための「MultirateLiPhクラス」は、今までに示したプログラムの中ですでに使っています。

第2章では、この「MultirateLiPhクラス」を使えば、周波数が「標本化周波数」の半分に近いような信号でも、滑らかに表示できることを示しています。

この「クラス」は、「DSP_MultirateLinearphase」という名前で、「Mbed」に登録してあり、「呂」というキーワードで検索し、「インポート」して使えます。

この「DSP_MultirateLinearphase」を構成する「ファイル」の様子を、**図19**に示します。

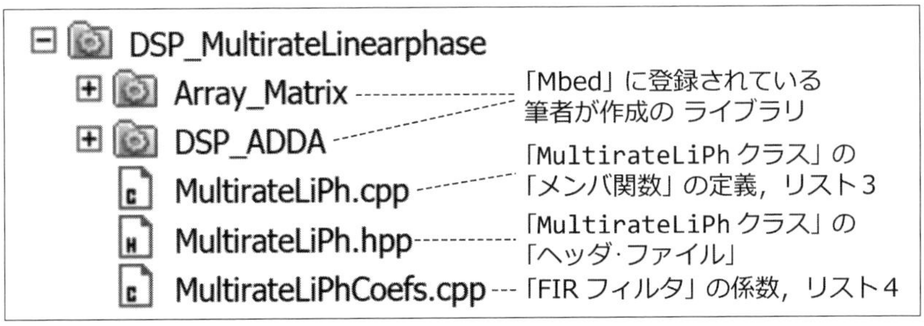

```
□ 📷 DSP_MultirateLinearphase
   ⊞ 📷 Array_Matrix ----------------  「Mbed」に登録されている
                                       筆者が作成の ライブラリ
   ⊞ 📷 DSP_ADDA --------------
      🄲 MultirateLiPh.cpp --------    「MultirateLiPh クラス」の
                                       「メンバ関数」の定義, リスト3
      🄷 MultirateLiPh.hpp---------    「MultirateLiPh クラス」の
                                       「ヘッダ・ファイル」
      🄲 MultirateLiPhCoefs.cpp --- 「FIR フィルタ」の係数, リスト4
```

図19 「DSP_MultirateLinearphase」を構成する「ファイル」の様子

この中で「DSP_ADDA」という「ライブラリ」の「フォルダ」がありますが、この中で「AD変換器」および「DA変換器」を使うための「クラス」が定義されています。

「AD変換器」を使う際には、「AD変換」の終了で発生する「割り込み」を使うので、「DspAdcIntrクラス」を使います。

また、「DA変換器」を使う際には「DspDacクラス」を使います。

この中で、「MultirateLiPhCoefs.cpp」には、「インターポレータ」として使うフィルタのデフォルトの「係数」が記述されています。

プログラム全体は、ダウンロードしていただくとして、ここでは主な「メンバ関数」の説明を行ないます。

リスト3には、ここで説明する「メンバ関数」の定義の部分を示します。

第8章 マルチレート処理

リスト3　DSP_MultirateLinearphase¥MultirateLiPh.cpp
MultirateLiPhクラス」の主な「メンバ関数」

```
12:    // コンストラクタ（デフォルトの補間フィルタの係数を使う場合）
13:    MultirateLiPh::MultirateLiPh(float fSampling,
14:                            PinName pin, ADC_TypeDef* const adc)
15:        : indexW_(0), FIR_LOOP_((ORDER_+2)/UR_), CENTER_((ORDER_+2)/(UR_*2)),
16:          vn_((ORDER_+2)/UR_, 0.0f), h1_((ORDER_+2)/UR_, HK1_),
17:          h2_((ORDER_+2)/UR_, HK2_), h3_((ORDER_+2)/UR_, HK3_)
18:    {   Init(fSampling, pin, adc); }
19:
20:    // コンストラクタ（デフォルト以外の補間フィルタの係数を使う場合）
21:    MultirateLiPh::MultirateLiPh(float fSampling, int order,
22:                            const float hk1[], const float hk2[],
23:                            const float hk3[],
24:                            PinName pin, ADC_TypeDef* const adc)
25:        : indexW_(0), FIR_LOOP_((order+2)/UR_), CENTER_((order+2)/(UR_*2)),
26:          vn_((order+2)/UR_, 0.0f), h1_((order+2)/UR_, hk1),
27:          h2_((order+2)/UR_, hk2), h3_((order+2)/UR_, hk3)
28:    {   Init(fSampling, pin, adc); }
29:
30:    // 標本化の実行開始
31:    void MultirateLiPh::Start(void (*Func)())
32:    {
33:        // CAN2_TX によるソフトウェア割り込みに対応する設定
34:        NVIC_SetVector(CAN2_TX_IRQn, (uint32_t)Func);
35:        NVIC_EnableIRQ(CAN2_TX_IRQn);
36:
37:        // AD 変換器を使うための準備
38:        wait_us(1000);    // ある程度の待ち時間が必要
39:        adc_->SetIntrVec(&MultirateLiPh::AdcIsr);  // AD 変換終了に対応する ISR の設定
40:    }
41:
42:    // 補間用フィルタを実行し，処理結果を出力用バッファへ書き込む
43:    void MultirateLiPh::Output(float yn)
44:    {
45:        vn_[0] = yn;    // 補間フィルタ用バッファの先頭に書き込む
46:
47:        buf_[ModIndex(indexW_)] = vn_[CENTER_];
48:        buf_[ModIndex(indexW_)] = Interpolate(h1_);
49:        buf_[ModIndex(indexW_)] = Interpolate(h2_);
50:        buf_[ModIndex(indexW_)] = Interpolate(h3_);
51:
52:        for (int k=FIR_LOOP_-1; k>0; k--) vn_[k] = vn_[k-1];
53:    }
54:
55:    // ADC 変換終了割り込みに対する割り込みサービス・ルーチン
56:    void MultirateLiPh::AdcIsr()
57:    {
58:        static int count = 0;
59:
60:        xn_ = adc_->Read();    // AD変換器の値を読み込む
61:        dac_.Write(buf_[ModIndex(indexR_)]);  // 出力バッファの内容を DAC へ書き込む
62:
63:        if (count == 0)    // AD変換器からの入力信号は4回に1回使う
64:            NVIC->STIR = CAN2_TX_IRQn;  // ソフトウェア割込み発生，信号処理を起動
65:        count = ++count & MASK_UR_; // 入力を4回に1回行うための処理
66:    }
67:
68:    // 補間用 FIR フィルタ
69:    float MultirateLiPh::Interpolate(const float hk[]) const
70:    {
71:        float y = 0;
72:        for (int n=0; n<FIR_LOOP_; n++) y += vn_[n]*hk[n];
73:        return y;
74:    }
            （以下省略）
```

右側注釈:
- 「インターポレータ」で使うフィルタのデフォルトの「次数」
- 「インターポレータ」で使うフィルタのデフォルトの「係数」
- 「引数」として与えられたこの名前の「関数」が「ソフトウェア割り込み」に対する「割り込みサービス・ルーチン」として設定される
- 「CAN2」の「送信割り込み」を「ソフトウェア割り込み」として使うための設定
- この「クラス」の「メンバ関数 AdcIsr()」を「AD変換終了割り込み」に対する「割り込みサービス・ルーチン」として設定する
- ここの処理の結果は「DA変換器」に出力するためのバッファ「buf_」に書き込まれる
- この「メンバ関数 AdcIsr()」は「コンストラクタ」の「引数」で与えた「標本化周波数」の4倍の頻度で呼ばれる
- この値を使う際は「メンバ関数 Input()」を使って取得する
- 「AdcIsr()」が4回呼出されるごとに1回、「ソフトウェア割り込み」が発生し、「メンバ関数 Start()」で割り当てられた信号処理用の「関数」を呼び出す
- 「FIR フィルタ」の計算では「引数」で与えられた「係数」を使う

170

[リスト解説]

・コンストラクタ

「コンストラクタ」は、「インターポレータ」で使う「補間フィルタ」の「係数」として、デフォルトの「係数」を使うものと、デフォルト以外の「係数」を与えるものの2つを用意しています。

いずれの「コンストラクタ」も「引数」の「pin」と「adc」には、デフォルトの値[46]を設定しています。

また、「引数」の「fSampling」は「標本化周波数」で、「kHz」単位の数値を与えます。

13行目からはじまる「コンストラクタ」は、「MultirateLiPhCoefs.cpp」に記述してあるデフォルトの「係数」を、「インターポレータ」で使う「補間フィルタ」の「係数」として使う場合に対応するもので、通常はこちらの「コンストラクタ」で充分です。

21行目からはじまる「コンストラクタ」は、ユーザーが定義した「係数」を、「インターポレータ」で使う「補間フィルタ」の「係数」として使います。

こちらを使う場合は、「引数」として、「インターポレータ」で使うフィルタの「次数」である「order」と「係数」である「hk1」「hk2」「hk3」を与えます。

二番目の「コンストラクタ」は、「インターポレータ」に使う「補間フィルタ」として、もっと性能の高いものを使いたい場合や、「インターポレータ」の部分の処理時間を短くするため、「補間フィルタ」の次数を下げたい場合などで使います。

・publicメンバ関数 Start()

この「クラス」を使う場合は、「信号処理」の部分を、「ソフトウェア割り込み」[47]に対する「割り込みハンドラ」として記述します。

この「メンバ関数」は、その「割り込みハンドラ」として、「引数」の「Func」で与えられる名前の「関数」を割り当てます。

「ソフトウェア割り込み」には、「CAN2」の「送信割り込み」を使いますが、その設定が**34, 35行目**の処理になります。

さらに、「AD変換終了割り込み」が発生した場合の「割り込みハンドラ」として、この「クラス」の「メンバ関数」である「AdcIsr()」を割り当てます。

・publicメンバ関数 Output()

この「メンバ関数」で、「DA変換器」に書き込む「補間」された値を、「メンバ関数」の「Interpolate()」で求め、「DA変換器」に書き込む値が格納される「buf_」に出力します。

46　「ヘッダ・ファイル」の「MultirateLiPh.hpp」を見てください。
47　本書で使っている「マイコン」の**STM32F446**の「ソフトウェア割り込み」については、以下の書籍などを参照してください。
　　三上直樹："Mbedを使った電子工作プログラミング"，工学社，第3章，pp.57-64，2020年。

ただし、最初の値 (図14の「$y[0]$」や「$y[4]$」に相当する値) は、**47行目**のように、「補間」処理をせずにそのまま「buf_」に出力します。

・private メンバ関数 AdcIsr()

　この「メンバ関数」は、「AD変換終了割り込み」の発生に対する「割り込みハンドラ」で、この「クラス」のユーザーが外部からこの「メンバ関数」を使う必要はないので、「private」の「メンバ関数」にしています。

　なお、「メンバ関数」が「public」なのか「private」なのかは、「ヘッダ・ファイル」の「MultirateLiPh.hpp」を見てください。

　「AD変換終了割り込み」は、「コンストラクタ」の「引数」の「fSampling」で与えられる「標本化周波数」の4倍の頻度で発生するようにしています。

　そのため、**61行目**の「DA変換器」への出力は、「fSampling」の4倍の「標本化周波数」で行なわれます。

　実際に信号処理を行なうのは、「AdcIsr()」が4回呼び出されるごとに1回行なえばよいので、**63行目**の「if文」で、そのチェックを行なっています。

　「if文」の条件を満足した場合に、**64行目**で、「割り込み」をコントロールする「レジスタ」[48] に「CAN2」の「送信割り込み」に対応するデータを書き込むことにより、ソフトウェア的に「割り込み」を発生させ、信号処理が記述されている「関数」を起動します。

　ここで、信号処理の部分を、「関数」の呼び出しではなく「ソフトウェア割り込み」を使っている理由ですが、「関数」の呼び出しにすると、その「関数」の実行中も、新たな「AD変換終了割り込み」は受け付けなくなり、無視されます。

　これを防止するために、信号処理の部分を、「ソフトウェア割り込み」に対する「割込みサービス・ルーチン」の中に記述するようにしています。

　「割り込み」を使うと、「優先順位」を設定できるため、「AD変換終了割り込み」の「優先順位」を高く設定しておけば、「AD変換終了割り込み」が無視されるのを防止できます。

　優先順位の設定は、この**リスト3**では省略している「メンバ関数 Init()」の中で行なっています。

・private メンバ関数 Interpolate()

　この「メンバ関数」は、**図16**で示した各フィルタ「$H_1(z)$」「$H_2(z)$」「$H_3(z)$」に対応する処理を行ないます。

　この「メンバ関数」も、この「クラス」のユーザーが外部から使う必要はないので、「private」の「メンバ関数」にしています。

48　「割り込みコントローラ」の「NVIC」を構成する「STIRレジスタ (Software Trigger Interrupt Register)」

●「補間フィルタ」のデフォルトの「係数」

　「補間フィルタ」のデフォルトの「係数」は、「クラス」の「メンバ関数」の定義などのファイルとは別のファイル（MultirateLiPhCoefs.cpp）に記述しています。

　リスト4に、このデフォルトの「係数」を示します。

リスト4　DSP_MultirateLinearphase¥MultirateLiPhCoefs.cpp
「MultirateLiPhクラス」で使う「補間フィルタ」の「係数」のデフォルト値

```
 9: #include "MultirateLiPh.hpp"
10:
11: namespace Mikami
12: {
13:     // 使用窓関数    Kaiser 窓
14:     // 標本化周波数（kHz）        40.000000
15:     // 次数                      70
16:     // 種類          LPF
17:     // 遮断周波数（kHz）          5.000000
18:     // 減衰量（dB）              40.00
19:     const int MultirateLiPh::ORDER_ = 70;
20:     const float MultirateLiPh::HK1_[] = {
21:       3.806160E-03f, -7.410556E-03f,  1.260559E-02f, -1.994242E-02f,
22:       3.036776E-02f, -4.579744E-02f,  7.095016E-02f, -1.214690E-01f,
23:       2.969901E-01f,  8.992744E-01f, -1.749060E-01f,  9.096828E-02f,
24:      -5.663444E-02f,  3.726704E-02f, -2.468324E-02f,  1.596038E-02f,
25:      -9.780624E-03f,  5.435560E-03f};
26:     const float MultirateLiPh::HK2_[] = {
27:       6.477720E-03f, -1.208128E-02f,  2.009782E-02f, -3.140681E-02f,
28:       4.757964E-02f, -7.194132E-02f,  1.131902E-01f, -2.034948E-01f,
29:       6.336764E-01f,  6.336764E-01f, -2.034948E-01f,  1.131902E-01f,
30:      -7.194132E-02f,  4.757964E-02f, -3.140681E-02f,  2.009782E-02f,
31:      -1.208128E-02f,  6.477720E-03f};
32:     const float MultirateLiPh::HK3_[] = {
33:       5.435560E-03f, -9.780624E-03f,  1.596038E-02f, -2.468324E-02f,
34:       3.726704E-02f, -5.663444E-02f,  9.096828E-02f, -1.749060E-01f,
35:       8.992744E-01f,  2.969901E-01f, -1.214690E-01f,  7.095016E-02f,
36:      -4.579744E-02f,  3.036776E-02f, -1.994242E-02f,  1.260559E-02f,
37:      -7.410556E-03f,  3.806160E-03f};
38: }
```

フィルタを設計した際に与えたパラメータ等

= 9.515401E-04f × 4

= 1.619430E-03f × 4

= 1.358890E-03f × 4

　図18には「FIR_Design_Windowing」でフィルタの係数を設計して得られた「係数」を示していますが、その先頭の3個の「係数」と、図16に示す各フィルタ「$H_1(z)$」「$H_2(z)$」「$H_3(z)$」の先頭の「係数」との関係が分かるように、このリスト4にはコメントを入れています。

　たとえば、「$H_1(z)$」の「係数」に対応する「配列HK1_」の先頭の要素である「3.806160E-03f」は、図18に示す「係数」の先頭にある「9.515401E-04f」を4倍したものであることを示しています。

173

■ 8.3.4 「インターポレータ」を利用する「アップ・サンプリングDA変換」のプログラム

　ここで説明した、「DA変換器」に出力する際に、「標本化周波数」を4倍に「アップ・サンプリング」して出力するための「MultirateLiPh クラス」は、すでにここまでで出てきたプログラムで使っているので、「MultirateLiPh クラス」の使用例は、改めて示すまでもないと思います。

　いちばん簡単な使用例としては、**第2章のリスト3**があるので、これを見てください。

　また、実行結果の例も**第2章の図8**に示しているので、省略します。

第9章 適応フィルタ

第4章と第5章では「デジタル・フィルタ」を取り上げましたが、これらは最初から特性が決まっているフィルタでした。

しかし、フィルタの中には、特性が入力信号に応じて変化する「適応フィルタ」と呼ばれるフィルタもあります。

特性が最初から決まっているフィルタであれば、アナログ回路で作れますが、「適応フィルタ」をアナログ回路で作るとなると、かなり複雑な回路になるため、今日ではアナログ回路で「適応フィルタ」を作ることは、まずないと考えてよいでしょう。

一方、「デジタル・フィルタ」では、その「係数」を変えることによって、特性を簡単に変えられるので、「適応フィルタ」は、「デジタル・フィルタ」を使わなければ実現できない応用と言えます。

＊

「適応フィルタ」の理論はそれほど簡単ではありませんが、「適応フィルタ」の「アルゴリズム」にもいろいろあるので、簡単な「アルゴリズム」を使えば、プログラムを作るのはそれほど難しくはありません。

そこで、本章では、プログラムを簡単に作れる「LMS（Least Mean Square）法」やそれを改良した方法を使う「適応フィルタ」を取り上げます。

「適応フィルタ」にはいろいろな使い方がありますが、この章では、周期が不明な周期信号に雑音が乗っている場合に、その周期成分を強調し、雑音を抑える、「線スペクトル強調器」（ALE：Adaptive Line spectrum Enhancer）のプログラムを作ります。

9.1 「適応フィルタ」とは

「適応フィルタ（Adaptive Digital Filter：ADF）」は、入力信号に応じてその特性を自動的に変えていくフィルタですが、その際に基準になるものが必要になります。

そのため、「適応フィルタ」には、通常の入力信号の他に、基準となる信号である「所望信号」という、もう1つの入力信号も使います。

＊

以上のことを踏まえて、一般的な「適応フィルタ」の「ブロック図」を図1に示します。

この図で、「所望信号」でないほうの入力信号「$x[n]$」は、所望信号「$d[n]$」と区別するため、ここでは「主入力信号」と呼ぶことにします。

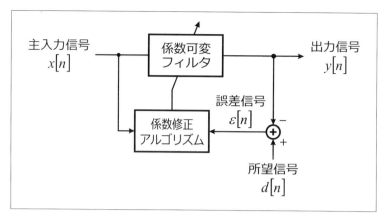

図1　一般的な「適応フィルタ」の「ブロック図」

*

この「適応フィルタ」は、次のように働きます。

　まず、主入力信号「 $x[n]$ 」に対する係数可変フィルタの出力信号「 $y[n]$ 」と、所望信号「 $d[n]$ 」とが比較され、その差が誤差信号「 $\varepsilon[n]$ 」として得られます。

　「係数修正アルゴリズム」では、この「誤差信号」の2乗の「期待値」が最小になるように、この「誤差信号」を利用して可変フィルタの「係数」を自動的に修正していくので、可変フィルタの出力には「所望信号」に、統計的によく似た信号が出てくることになります。

　これが「適応フィルタ」の基本的な考え方です。

> ※実際の「適応フィルタ」では、「係数」は一気に修正されるわけではなく、徐々に修正されるため、ある程度時間が経過しなければ、「誤差信号」2乗の「期待値」が最小の状態にはならないということに注意してください。

*

　図1の「可変フィルタ」の部分に使うフィルタは、原理的には**第4章**で取り上げた「FIRフィルタ」でも**第5章**の「IIRフィルタ」でもかまわないのですが、実際には、「IIRフィルタ」を使った場合に「適応フィルタ」を実現する上で難しい問題があるため、多くの場合は「FIRフィルタ」が使われます。

　そのため、この章も可変フィルタの部分に「FIRフィルタ」を使った「適応フィルタ」のプログラムを作ります。

　「FIRフィルタ」を利用する「適応フィルタ」の「ブロック図」を、**図2**に示します。

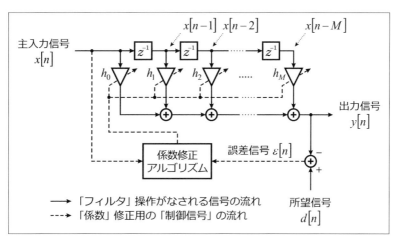

図2　「FIRフィルタ」を使う「適応フィルタ」の「ブロック図」

この図で、破線はフィルタの「係数」を修正するための制御信号の流れを表わします。
この「適応フィルタ」の出力信号「$y[n]$」は次の式で与えられます。

$$y[n] = \sum_{k=0}^{M} h_k[n] x[n-k] \tag{1}$$

このフィルタの「係数」は時間とともに変化するので、この式では、「h_k」ではなく
「$h_k[n]$」と書いています。
誤差信号「$\varepsilon[n]$」は次の式で与えられます。

$$\varepsilon[n] = d[n] - y[n] \tag{2}$$

「適応フィルタ」は、「$\varepsilon[n]$」の2乗の期待値「$E\{\varepsilon^2[n]\}$」が最小になるように「係数」
を修正していきます。

※なお、以下では「$E\{\varepsilon^2[n]\}$」を、「2乗平均誤差」と呼ぶことにします。

9.2 | LMSアルゴリズム

「適応フィルタ」では、入力信号に応じて「係数」を徐々に修正していきます。

そのために使う「アルゴリズム」自体を説明しようとすると、かなり理論的な話になるので、そのあたりは脚注の専門書[49] などを見ていただくとして、ここでは「係数」を修正する方法のみを説明します。

＊

「適応フィルタ」では、「係数」を修正するための「アルゴリズム」としては、さまざまな方法が提案されていますが、ここではプログラムを簡単に作れる「LMSアルゴリズム」を使う方法を説明します。

■ 9.2.1 | 基本的な「LMSアルゴリズム」

「適応フィルタ」で使う「FIRフィルタ」の「n」という時点の「k」番目の「係数」を「$h_k[n]$」と表わし、これを基にして、「LMSアルゴリズム」では「標本化間隔」1つぶんだけ進んだ時刻、つまり「$n+1$」という時点の「係数 $h_k[n+1]$」は、次の式で修正して求めます。

$$h_k[n+1] = h_k[n] + \mu\varepsilon[n]x[n-k], \quad k = 0, 1, \cdots, M \tag{3}^{[50]}$$

この式で、「μ」は「係数」の修正量を決める定数で、「ステップ・サイズ・パラメータ」などと呼ばれています。

＊

「LMSアルゴリズム」を使う「適応フィルタ」の「ブロック図」を、**図3**に示しますが、この図では分かりやすくするため、「$M=2$」の場合について示しています。

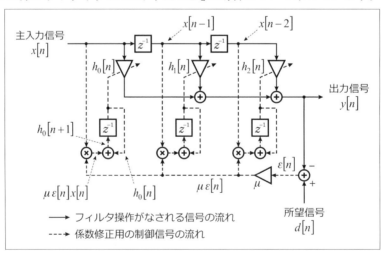

図3 「LMSアルゴリズム」を使う「適応フィルタ」の「ブロック図」（$M=2$の場合）

---

49 S. ヘイキン著，武部 幹 訳：“適応フィルタ入門”，現代工学社，1987年.
50 「LMSアルゴリズム」で「係数」を修正する式として、以下のように書いている書籍もあります。$h_k[n+1] = h_k[n] + 2\mu\varepsilon[n]x[n-k], \quad k = 0, 1, \cdots, M$
　　しかし、この式の「2μ」はこの式を導く過程で現われもので、「LMSアルゴリズム」にとって本質的なものではないので、本書のように、「2μ」を「μ」に置き替えても問題はまったくありません。

「LMSアルゴリズム」を使う場合に気を付けなければならないのは、「**ステップ・サイズ・パラメータ** μ」の決め方です。

この「μ」は、**式(3)** の処理を1回行なう際の修正量の大きさを決める働きがあります。

そのため、「μ」を大きくするほど、1回の修正量が大きくなり、「2乗平均誤差」が最小になる、つまり「収束」するまでの繰り返し回数が少なくなります。

しかし、「μ」を大きくすると、修正量が過剰になり、「収束」を通り越してしまうことが起こり、さらにある程度以上に大きくすると「発散」するので、「μ」はあまり大きくはできません。

一方、「μ」を小さくするほど、1回の修正量が小さくなり、「収束」のスピードが遅くなります。

*

「2乗平均誤差」が「収束」する条件は、理論的に求められており、次のようになります（**脚注49の文献参照**）。

$$0 < \mu < \frac{1}{\displaystyle\sum_{k=0}^{M} E\left\{ x^2[n-k] \right\}} \tag{4}$$

この式から、「LMSアルゴリズム」では、入力信号が大きいほど、「μ」の値を小さく、する必要があることが分かります。

*

ところで、「LMSアルゴリズム」を使う上で、見落としがちな点があります。

それは、「LMSアルゴリズム」では、**式(3)** を使ってフィルタの「係数」を修正していくのですが、この「係数」の初期値は、この式とは別に求める必要があるということです。

しかし、求めるといっても、事前に「主入力信号」の性質が分からなければ、「係数」の最初の値は求めることはできないため、通常は、「係数」の初期値として「0」を与えます。

■ 9.2.2 「LMSアルゴリズム」のバリエーション

● 学習同定法[51]

9.2.1 で説明した、基本的な「LMSアルゴリズム」では、「ステップ・サイズ・パラメータ μ」の値は事前に設定し、この値は固定にします。

しかし、「LMSアルゴリズム」では、入力信号の大きさにより、「μ」の範囲が決まっており、「収束」のスピードも「μ」に依存するため、「μ」を固定するよりも、信号の大きさに応じて変化させるようにするほうが合理的です。

---

51 「学習同定法」は「正規化LMS（Normalized LMS）アルゴリズム」と呼ばれることもあります。

そこで、「ステップ・サイズ・パラメータ」を「μ」と書く代わりに、「$\mu[n]$」と書くことにすると、「学習同定法」では、「$\mu[n]$」を次のように設定します。

$$\mu[n] = \frac{\alpha}{\displaystyle\sum_{k=0}^{N} E\left\{ x^2[n-k] \right\}} \tag{5}$$

この式で、「α」は定数、「$E\{\ \}$」は「期待値」を求める操作を表わします。

　信号の大きさが時間とともに変動する場合は、式(5)の分母も常に求めていく必要があり、この分母を「$s[n]$」で表わすものとすると、よく行なわれるのは次の式を使って、「$s[n]$」を求める方法です。

$$s[n] = \beta s[n-1] + (1-\beta) x^2[n] \tag{6}$$

　この式で、「β」は、1よりわずかに小さい正の定数で、信号の大きさがゆっくり変化する場合は「β」を大きな値に、信号の大きさが速く変化する場合は「β」を小さな値にします。

＊

　式(6)では「$x^2[n]$」に「$1-\beta$」を乗算していますが、この定数を乗算することの効果は式(5)の定数「α」に含めてしまうことができるので、式(6)の代わりに次の式を使っても差し支えありません。

$$s[n] = \beta s[n-1] + x^2[n] \tag{7}$$

　また、式(7)の「$s[n]$」は、入力信号「$x[n]$」が「0」の場合に「$s[n]=0$」となり、式(5)を計算する際に「0」で割り算を行なうことになります。
　それを避けるため、「$s[n]$」から「$\mu[n]$」を計算する場合は、「s_0」を小さな正の定数として、次の式を使います。

$$\mu[n] = \frac{\alpha}{s[n] + s_0} \tag{8}$$

　「学習同定法」における「ステップ・サイズ・パラメータ」の決め方をまとめると、図4のようになります。

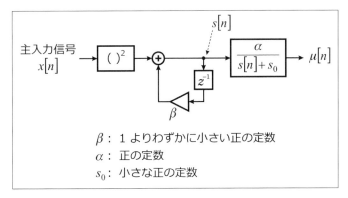

図4　「学習同定法」における「ステップ・サイズ・パラメータ μ」の決め方

●Leaky LMSアルゴリズム

　基本的な「LMSアルゴリズム」では、入力信号が「定常」[52]であるということを仮定しているため、「非定常」の場合にうまく働かないことがあります。

　この問題を解決する方法の1つとして提案されたのが、「Leaky LMSアルゴリズム」で、この「アルゴリズム」では、「係数」の更新を次の式で行ないます。

$$h_k[n+1]= \gamma \, h_k[n]+ \mu \varepsilon[n]x[n-k], \quad k = 0, 1, \cdots, N \tag{9}$$

　この式で、「γ」は1よりわずかに小さな正の定数で、**式(7)** の「β」と同様に、信号の大きさがゆっくり変化する場合は大きな値に、信号の大きさが速く変化する場合は小さな値にします。

　この式によって係数を更新していくと、より過去の「係数」ほど、現在の係数への寄与が減少するため、入力信号が「定常」ではない場合にも対応できるようになります。

9.3　適応線スペクトル強調器（ALE）

　「適応フィルタ」の応用はいろいろありますが、以下ではその応用の1つで、簡単に実験できる「適応線スペクトル強調器」（adaptive line enhancer：ALE）のプログラムを作ります。

　「周期信号」に雑音が混入しているとき、そこから雑音を取り除くという処理は信号処理の中でも重要な処理の1つです。

　このような処理は、「周期信号」の「基本周波数」が事前に分かっていれば、その信号の「基本周波数成分」とその「高調波成分」のみを通過させるようなフィルタを使うことによって、簡単に実現できます。

　ところが、「周期信号」の「基本周波数」が未知の場合には、フィルタを事前に準備す

52　信号が「定常」であるとは、その信号の統計的な性質、たとえば「2乗平均値」などが時間とともに変化しないということです。

ることはできないので、そのような場合に使われるのが、「適応線スペクトル強調器」[53]です。

「適応線スペクトル強調器」は、「基本周波数」が不明な「周期信号」に雑音が混入している場合でも、雑音を抑えることができます。

＊

「適応線スペクトル強調器」の構成を**図5**に示します。

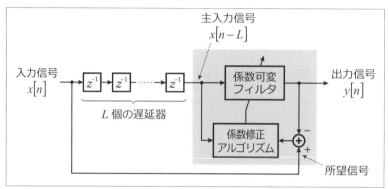

図5　「適応線スペクトル強調器」の「ブロック図」

この図で、網掛けした部分は「適応フィルタ」の基本的な部分です。

「適応線スペクトル強調器」では、「所望信号」として、雑音の混入した「周期信号」をそのまま使い、「主入力信号」としては、雑音の混入した「周期信号」を、「縦続接続」された「遅延器」に通したものを使います。

この「縦続接続」された「遅延器」は、可変フィルタの「主入力信号」と「所望信号」のそれぞれに含まれる雑音の間の「相関」を除去する働きを持っており、必要な段数は雑音の性質により決まります。

仮に、雑音が完全な「白色雑音」であれば、「標本化間隔」1つ分以上異なれば雑音の間の「相関」は「0」になるため、「遅延器」は1段で充分です。

実際の雑音は必ずしも「白色雑音」であるわけではないので、雑音の性質によって「遅延器」の段数を決めなければなりませんが、実際には「遅延器」の数は、「適応線スペクトル強調器」の特性にそれほど大きな影響を与えないので、5～10段程度にしておけば充分でしょう。

53　「周期信号」の「スペクトル」は「基本周波数」とその整数倍の周波数にのみ成分を持ち、その他の周波数成分は0になります。このような「スペクトル」を「線スペクトル」と言います。
　一方、雑音の「スペクトル」はある周波数帯域全体に広がって分布するので、「線スペクトル」の成分のみを強調すれば、相対的に雑音の「スペクトル」成分は小さくなり、結果的に雑音が減少することになります。

9.4 「適応線スペクトル強調器(ALE)」のプログラム

9.2.1の基本的な「LMSアルゴリズム」を使うプログラムは、最初に「クラス」を使わないプログラムを作り、次に「適応線スペクトル強調器」の部分を「クラス」にしたプログラムを作ります。

最後に、9.2.2の「LMSアルゴリズム」のバリエーションで説明した「学習同定法」と「Leaky LMSアルゴリズム」を組み合わせた「クラス」を作り、これを利用するプログラムを作ります。

■ 9.4.1 基本的な「LMSアルゴリズム」を使うプログラム ― 「クラス」は使わない

基本的な「LMSアルゴリズム」を使う「適応線スペクトル強調器(ALE)」のプログラムを、「クラス」を使わないで作った場合のファイル構成を、図6に示します。

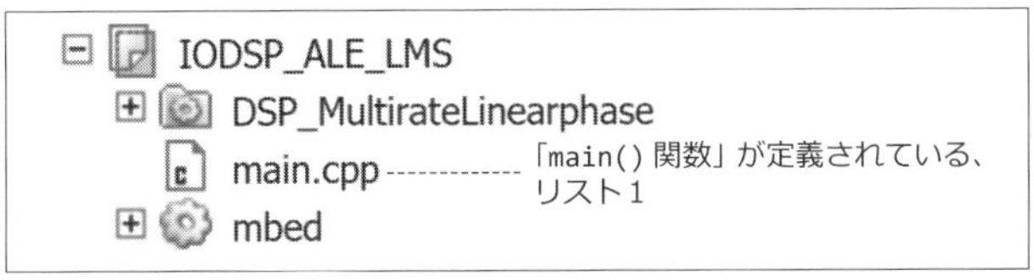

```
⊟ 🗐 IODSP_ALE_LMS
   ⊞ 🗐 DSP_MultirateLinearphase
      📄 main.cpp ············ 「main() 関数」が定義されている、
                              リスト1
   ⊞ ⚙ mbed
```

図6 基本的な「LMSアルゴリズム」を使う「適応線スペクトル強調器(ALE)」のプログラム「IODSP_ALE_LMS」の「ファイル」構成 ― 「クラス」を使わない場合

「main() 関数」を含む「main.cpp」の内容を、リスト1に示します。

リスト1 IODSP_ALE_LMS¥main.cpp
基本的な「LMSアルゴリズム」を使う「適応線スペクトル強調器(ALE)」

```cpp
 8: #include "MultirateLiPh.hpp"
 9: #pragma diag_suppress 870   // マルチバイト文字使用の警告抑制のため
10: using namespace Mikami;
11:
12: const int FS_ = 10;              // 入力の標本化周波数： 10 kHz
13: MultirateLiPh myAdDa_(FS_);      // 出力標本化周波数を4倍にするオブジェクト
14: bool aleOn_ = true;
15:
16: // ALE で使う定数，変数
17: const int ORDER_ = 100;       // フィルタの次数
18: const int DELAY_ = 5;         // 相関除去用遅延器の数
19: const int N_ALL_ = ORDER_ + DELAY_ + 1;
20: const float MU_ = 1.0e-4f;    // ステップ・サイズ・パラメータ
21: float xn_[N_ALL_], hm_[ORDER_+1];
22:
23: void AdcIsr()
24: {
25:     xn_[0] = myAdDa_.Input();     // 入力
26:
27:     // FIR フィルタの実行
28:     float yn = 0;
29:     for (int k=0; k<=ORDER_; k++)
30:         yn = yn + hm_[k]*xn_[k+DELAY_];
31:
32:     // 係数の更新
33:     float err_mu = (xn_[0] - yn)*MU_;
```

この配列の先頭の「DELAY_」個は図5のL個の「遅延器」に対応し、残りは「可変フィルタ」内部の「遅延器」に対応する（27-30行の囲み注釈）

「誤差信号 $\varepsilon[n]$」に対応（30行への引き出し線）

「ステップ・サイズ・パラメータ」に対応（33行への引き出し線）

```
34:     for (int k=0; k<=ORDER_; k++)
35:         hm_[k] = hm_[k] + err_mu*xn_[k+DELAY_]; ◄── 式(3)に対応
36:
37:     // 遅延器のデータの移動
38:     for (int k=N_ALL_-1; k>0; k--)
39:         xn_[k] = xn_[k-1];
40:
41:     if (!aleOn_) yn = xn_[0]; ◄── 「ALE」の有効／無効の切替え
42:     myAdDa_.Output(yn);         // 出力
43: }
44:
45: int main()
46: {
47:     printf("\r\nLMS法による線スペクトル強調器（ALE）を実行します\r\n");
48:     printf("'y' で ALE は有効，それ以外で ALE は無効になります\r\n");
49:
50:     for (int n=0; n<N_ALL_; n++) xn_[n] = 0;
51:     for (int n=0; n<=ORDER_; n++) hm_[n] = 0; ◄── 「適応フィルタ」の「係数」の
                                                         初期値はすべて0とする
52:
53:     myAdDa_.Start(&AdcIsr);    // 標本化を開始する
54:     while (true)
55:     {
56:         char yesNo = getchar();
57:         putchar(yesNo);                        ◄── 「PC」の「ターミナル・ソフト」に
58:         aleOn_ = (yesNo == 'y') ? true : false;    より「ALE」の有効／無効を切替
                                                        えるための処理
59:     }
60: }
```

[リスト解説]

・グローバル・データ

「ALE」で使う定数と変数は、17〜21行目に宣言しています。

19行目の「N_ALL_」は、「可変フィルタ」で必要は「遅延器」の数と、相関を除去するための「遅延器」の数との合計の値です。

「配列xn_」は、「適応線スペクトル強調器」内部全体の「遅延器」に対応するもので、そのサイズは「N_ALL_」になっています。

「配列hm_」は、「適応フィルタ」の「係数」に対応するものです。

・割込みサービス・ルーチン「AdcIsr()」の処理

「ALE」の処理は**23〜43行目**の「割込みサービス・ルーチンAdcIsr()」で行ないます。

28〜30行目が、「FIRフィルタ」の計算になりますが、計算に使うデータとしては、「配列xn_」の「DELAY_」番目から後ろのデータを使います。

33行目が、**式(3)**の中の「$\mu\varepsilon[n]$」の計算に対応します。

フィルタの「係数」の更新は、**34，35行目**で行なっています。

38，39行目では、相関を除去するための「遅延器」と「FIRフィルタ」の計算で使うデータが入っている「遅延器」の、二組の「遅延器」全体のデータを移動します。

41行目では、「DA変換器」に出力する信号として、「変数aleOn_」の状態により、「ALE」の結果を使うか、入力信号をそのまま使うかの切替えを行ないます。

最後に「DA変換器」に出力して、この「割り込みハンドラ」を終了します。

・「`main()` 関数」の処理

この中で重要な処理が、51行目の「適応フィルタ」の「係数」の初期値として、すべて「0」を与えるという処理です。

これを行なわなければ最悪の場合には、「適応フィルタ」が本来の働きをしなくなることもあります。

「`while`ループ」では、「PC」の「ターミナル・ソフト」から送信されるデータにより、「適応フィルタ」の処理を実行するかしないかをコントロールする「変数`aleOn_`」の状態を設定します。

58行目では、送信されたデータが 'y' という文字かどうか調べ、'y' であれば、「`aleOn_`」を「`true`」に、それ以外のデータに対しては、「`aleOn_`」を「`false`」に設定しています。

●プログラムの実行結果

このプログラムは、「ステップ・サイズ・パラメータ」に対応する定数「`MU_`」を「1.0e-4f」に固定しています。

「ステップ・サイズ・パラメータ」の大小の影響も示したいので、実行結果は「ステップ・サイズ・パラメータ」の値を「ターミナル・ソフト」から変更できる**リスト3**の実行結果のところで示します。

■9.4.2　基本的な「LMSアルゴリズム」を使うプログラム ―「クラス」を使う

リスト1に示したプログラムの中で、「適応線スペクトル強調器」の部分を「クラス」にして作った「適応線スペクトル強調器（ALE）」のプログラムのファイル構成を、**図7**に示します。

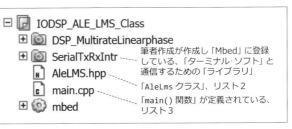

図7　基本的な「LMSアルゴリズム」を使う「適応線スペクトル強調器（ALE）」のプログラム「IODSP_ALE_LMS_Class」の「ファイル」構成 ―「クラス」を使う場合

●「AleLmsクラス」

　リスト2には、この「クラス」が定義されている「AleLMS.hpp」の内容を示します。

リスト2　IODSP_ALE_LMS_Class¥AleLMS.hpp

「適応線スペクトル強調器（ALE）」用の「AleLmsクラス」

```
 7: #include "Array.hpp"
 8: using Mikami::Array;
 9:
10: #ifndef ALE_LMS_HPP
11: #define ALE_LMS_HPP
12:
13: class AleLms
14: {
15: public:
16:     // コンストラクタ
17:     AleLms(int order, int delay, float mu)
18:         : ORDER_(order), DELAY_(delay), N_ALL_(order+delay+1),
19:           mu_(mu), xn_(N_ALL_, 0.0f), hm_(ORDER_+1, 0.0f) {}
20:
21:     virtual ~AleLms() {}
22:
23:     // 適応線スペクトル強調器の実行
24:     float Execute(float xn)
25:     {
26:         xn_[0] = xn;     // 入力
27:
28:         // FIR フィルタの実行
29:         float yn = 0;
30:         for (int k=0; k<=ORDER_; k++)
31:             yn = yn + hm_[k]*xn_[k+DELAY_];
32:
33:         // 係数の更新
34:         float err_mu = (xn - yn)*mu_;
35:         for (int k=0; k<=ORDER_; k++)
36:             hm_[k] = hm_[k] + err_mu*xn_[k+DELAY_];
37:
38:         // 遅延器のデータの移動
39:         for (int k=N_ALL_-1; k>0; k--)
40:                 xn_[k] = xn_[k-1];
41:
42:         return yn;
43:     }
44:
45:     void SetMu(float mu) { mu_ = mu; }
46:
47: private:
48:     const int ORDER_;    // フィルタの次数
49:     const int DELAY_;    // 相関除去用遅延器の数
50:     const int N_ALL_;    // 全遅延器数
51:     float mu_;           // ステップ・サイズ・パラメータ
52:     Array<float> xn_;    // 遅延器
53:     Array<float> hm_;    // フィルタの係数
54:
55:     // コピー・コンストラクタ，代入演算子の禁止のため
56:     AleLms(const AleLms&);
57:     AleLms& operator=(const AleLms&);
58: };
59: #endif  // ALE_LMS_HPP
```

注釈：
- フィルタの「次数」→ order
- 相関除去のための「遅延器」の数 → delay
- 「ステップ・サイズ・パラメータ」→ mu
- 「適応フィルタ」の「係数」に対応する配列 hm_ のサイズを ORDER_+1 に設定し、その初期値はすべて 0 とする → hm_(ORDER_+1, 0.0f)
- 「誤差信号 $\varepsilon[n]$」に対応 → (xn - yn)
- 「ステップ・サイズ・パラメータ」→ mu_
- 式(3)に対応 → hm_[k] = hm_[k] + err_mu*xn_[k+DELAY_];
- 「ステップ・サイズ・パラメータ」の変更 → SetMu

[リスト解説]

・コンストラクタ

　「コンストラクタAleLms()」では、「引数」として、フィルタの「次数」、相関除去用の「遅延器」の数、「ステップ・サイズ・パラメータ」を受け取ります。

　これらを使い、「メンバ」の定数「ORDER_」「DELAY」「N_ALL_」「MU_」を設定し、入力信号が格納される「配列xn_」と係数に対応する「配列hm_」のサイズを設定し、その内容をクリアします。

　これらは、「クラス」の「メンバ・イニシャライザ」の機能を利用して行なっているため、「コンストラクタ」には、「実行文」が含まれません。

　・メンバ関数 Execute()
　行なっている内容は、**リスト1**の「割込みサービス・ルーチン AdcIsr()」の処理の内容とほぼ同じです。

●「AleLmsクラス」を使う「適応線スペクトル強調器」

　この「AleLms クラス」を使った「適応線スペクトル強調器」のプログラムを、**リスト3**に示します。

リスト3　IODSP_ALE_LMS_Class¥main.cpp
「適応線スペクトル強調器(ALE)」用「AleLms クラス」の使用例

```
10: #include "MultirateLiPh.hpp"      ← 「AleLms クラス」が定義されている
11: #include "AleLMS.hpp"
12: #include "SerialRxTxIntr.hpp"
13: #include <cctype>                  ← isdigit() で使用
14: #pragma diag_suppress 870   // マルチバイト文字使用の警告抑制のため
15: using namespace Mikami;
16:
17: const int FS_ = 10;               // 入力の標本化周波数: 10 kHz
18: MultirateLiPh myAdÐa_(FS_); // 出力標本化周波数を4倍にするオブジェクト
19: bool aleOn_ = true;
                                      「ステップ・サイズ・パラメータ」の初期値
20:
21: const float MU_ = 1.0e-4;         // ステップ・サイズ・パラメータ
22: AleLms ale_(100, 5, MU_);         // 適応線スペクトル強調器のオブジェクト
23:                        「相関」を除去するための「遅延器」の数
24: void AdcIsr()          「ALE」で使う「FIR フィルタ」の「次数」
25: {
26:     float xIn = myAdÐa_.Input();      // 入力
27:     float yn = ale_.Execute(xIn);  ← 「ALE」の処理を実行
28:
29:     if (!aleOn_) yn = xIn;  ←  「ALE」の有効／無効の切替え
30:     myAdÐa_.Output(yn);              // 出力
31: }
32:
33: int main()
34: {
35:     printf("\r\nLMS 法による線スペクトル強調器 (ALE) を実行します\r\n");
36:     printf("'y' で ALE は有効, それ以外で ALE は無効になります\r\n");
37:     printf("起動時のμは %6.1e です\r\n", MU_);
38:     printf("数値の入力でμの値を設定できます\r\n");
39:     SerialRxTxIntr pc;  ←   「PC」の「ターミナル・ソフト」との通信をサポート
40:     pc.EchobackEnable();    する「クラス」の「オブジェクト」の宣言
41:
42:     NVIC_SetPriority(AÐC_IRQn, 0);     // 最優先
43:     NVIC_SetPriority(USART2_IRQn, 1);  // 次に優先
44:
45:     myAdÐa_.Start(&AdcIsr);      // 標本化を開始する
46:     pc.TxString("? ");
```

187

```
47:     while (true)
48:         if (pc.IsEol())          「ターミナル・ソフト」から '¥r' が送信
49:         {                        された場合に以下の処理を行う
50:             string str = pc.GetBuffer();    '¥r' を受信するまでに受信したデータを取得
51:             char ch = str[0];
52:             if (ch == 'y') aleOn_ = true;   「ALE」の有効／無効を切替
53:             if (ch == 'n') aleOn_ = false;  えるための処理
54:             if (isdigit(ch))
55:                 ale_.SetMu(atof(str.c_str()));  // ステップ・サイズ・パラメータ変更
56:             pc.TxString("? ");              「ステップ・サイズ・パラメータ」の値を変更
57:         }
58: }
```

[リスト解説]

　「AleLms クラス」の「オブジェクト」の宣言は、**22行目**で行なっており、「適応線スペクトル強調器」に与えるパラメータは、**リスト1**のプログラムと同じ値にしています。

　「AleLms クラス」を使う場合、必要な初期設定は「コンストラクタ」で行なわれるため、「main() 関数」の中で、**リスト1の50, 51行目**のような「配列」の内容をクリアする必要はありません。

　このプログラムの「main() 関数」で行なっている処理では、**リスト1**のプログラムで行なっていた「適応フィルタ」の処理を実行するかしないかをコントロールする処理のほかに、「ステップ・サイズ・パラメータ」の値も変更する処理も行なっています。

　39行目の「SerialRxTxIntr クラス」は、「ターミナル・ソフト」との通信をサポートするために筆者が作ったライブラリで、「Mbed」に登録しています。
　この「クラス」の説明は長くなるので、脚注の文献[54]を参照してください。

　48行目の「if 文」では、「SerialRxTxIntr クラス」の「メンバ関数 IsEol()」を使って、「ターミナル・ソフト」から「'¥r'」（リターン・コード）を受信したときに、それ以降の処理を行なうようにしています。
　そのため、「ターミナル・ソフト」から入力する場合は、最後に必ず「リターン・キー」を押してください。
　「'¥r'」（リターン・コード）を受信していれば、「'¥r'」を受信するまでに受信した中の先頭のデータを調べ、'y' であれば、「aleOn_」を「true」に、'n' であれば、「aleOn_」を「false」に設定します。

　また、先頭のデータが数字に対応するものであれば、**55行目**で受信したデータを浮動小数点データに変換し、その値で「ステップ・サイズ・パラメータ」の値を更新します。

　46行目と**56行目**の「pc.TxString("? ")」は、入力を促すための「プロンプト（prompt）」を表示するためのものです。

54　三上直樹：「Mbedを使った電子工作プログラミング」、第7章、工学社、2020年。

●プログラムの実行結果

　入力信号は自作の「ファンクション・ジェネレータ」で発生したもので、周期信号としては500 Hzの「正弦波」に「白色雑音」を加えた信号を入力したときの実行結果を示します。

> ※なお、このプログラムの「標本化周波数」は10 kHzにしていますが、自作の「ファンクション・ジェネレータ」の「白色雑音」は5 kHz以上の周波数成分も含んでいます。

＊

　以下に示す結果は、自作の「ファンクション・ジェネレータ」の先に、5 kHz以上をカットする「低域通過フィルタ」を接続し、その出力信号を、このプログラムを実行する際の入力信号として使っています。

　図8は、入出力信号の波形で、自作の「オシロスコープ」で波形を表示する際に、「Multiple Trace」の項目を「5」とし、雑音の影響が分かりやすいように、5回分の波形を重ねて示しています。

　これらの図から分かるように、「ステップ・サイズ・パラメータ」「μ」が小さいほど、雑音を抑える効果が高くなることが分かります。

　図9は、入出力信号の「スペクトル」を、自作の「スペクトル解析器」で、128回の平均値を表示したものです。

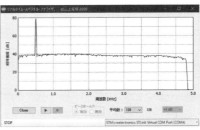

(a)　入力信号の「スペクトル」

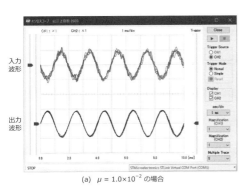

(a)　$\mu = 1.0 \times 10^{-2}$ の場合

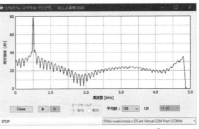

(b)　出力信号の「スペクトル」、$\mu = 1.0 \times 10^{-2}$ の場合

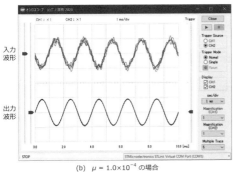

(b)　$\mu = 1.0 \times 10^{-4}$ の場合

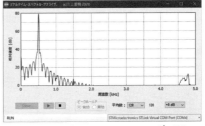

(c)　出力信号の「スペクトル」、$\mu = 1.0 \times 10^{-4}$ の場合

図8　「適応線スペクトル強調器」の入出力信号の波形

図9　「適応線スペクトル強調器」の入出力信号の「スペクトル」

これらの図から分かるように、「スペクトル」で見ても、「ステップ・サイズ・パラメータ」「μ」が小さいほど、雑音を抑える効果が高くなることが分かります。

＊

以上の結果は、入力信号の正弦波の周波数や振幅、および雑音の大きさを固定しています。

もちろんプログラムの実行中に、ファンクション・ジェネレータから出力される正弦波の周波数や振幅および雑音の大きさを変化させても、雑音を抑える効果があることは確認ずみです。

■ 9.4.3 「学習同定法」と「Leaky LMSアルゴリズム」を組み合わせたプログラム

「学習同定法」と「Leaky LMSアルゴリズム」を組み合わせた「適応線スペクトル強調器（ALE）」のプログラムのファイル構成を、**図10**に示します。

図10 「学習同定法」と「Leaky LMSアルゴリズム」を組み合わせた「適応線スペクトル強調器（ALE）」の
プログラム「IODSP_ALE_LeakyNLMS_Class」の「ファイル」構成

●AleLeakyNLmsクラス

リスト4には、「学習同定法」と「Leaky LMSアルゴリズム」を組み合わせた「AleLeakyNLmsクラス」が定義されている「AleLeakyNLMS.hpp」の内容を示します。

リスト4　IODSP_ALE_LeakyNLMS_Class¥AleLeakyNLMS.hpp
「適応線スペクトル強調器（ALE）」用の「AleLeakyNLmsクラス」

```
 7: #include "Array.hpp"
 8: using Mikami::Array;
 9:
10: #ifndef ALE_LEAKY_NLMS_HPP
11: #define ALE_LEAKY_NLMS_HPP
12:
13: class AleLeakyNLms
14: {
15: public:
16:     // コンストラクタ
17:     AleLeakyNLms(int order, int delay, float alpha, float gamma)
18:         : ORDER_(order), DELAY_(delay), N_ALL_(order+delay+1),
19:           ALPHA_(alpha), S0_(0.1f), GAMMA_(gamma),
20:           ss_(0.0f), xn_(N_ALL_, 0.0f), hm_(ORDER_+1, 0.0f) {}
21:
22:     virtual ~AleLeakyNLms() {}
23:
24:     // 適応線スペクトル強調器の実行
25:     float Execute(float xn)
26:     {
```

式(5)の「α」

式(7)の「β」と式(9)の「γ」は
同じこの値（gamma）を使う

```
27:            // FIR フィルタの実行
28:            xn_[0] = xn;      // 入力
29:            float yn = 0;
30:            for (int k=0; k<=ORDER_; k++)
31:                yn = yn + hm_[k]*xn_[k+DELAY_];
32:
33:            // ステップ・サイズ・パラメータの計算         ┌─ 式(7) に対応
34:            ss_ = GAMMA_*ss_ + xn*xn;◄────────────   // パワに比例する値の推定値
35:            float mu = ALPHA_/(ss_ + S0_);◄────   ┌─ 式(8) に対応
36:                                          ┌────────────────────────┐
37:            // 係数の更新               │「ステップ・サイズ・パラメータ」に対応│
38:            float err_mu = (xn - yn)*mu;   └────────────────────────┘
39:            for (int k=0; k<=ORDER_; k++)
40:                hm_[k] = GAMMA_*hm_[k] + err_mu*xn_[k+DELAY_];◄──  式(9) に対応
41:
42:            // 遅延器のデータの移動
43:            for (int k=N_ALL_-1; k>0; k--)
44:                    xn_[k] = xn_[k-1];
45:
46:            return yn;
47:        }
48:
49: private:
50:        const int ORDER_;      // フィルタの次数
51:        const int DELAY_;      // 相関除去用遅延器の数   ┌─ 式(5) の「α」
52:        const int N_ALL_;      // 全遅延器数          ┌─ 式(8) の「s0」
53:        const float ALPHA_;    // α
54:        const float S0_;       // 分母が 0 になるのを防止する定数
55:        const float GAMMA_;    // γ              ┌────────────────────────┐
56:        float ss_;             // ステップ・サイズ・パラメータ │式(7) の「β」と式(9) の「γ」は │
57:        Array<float> xn_;      // 遅延器               │同じこの値（GAMMA_）を使う│
58:        Array<float> hm_;      // フィルタの係数      └────────────────────────┘
59:
60:        // コピー・コンストラクタ，代入演算子の禁止のため
61:        AleLeakyNLms(const AleLeakyNLms&);
62:        AleLeakyNLms& operator=(const AleLeakyNLms&);
63: };
64: #endif  // ALE_LEAKY_NLMS_HPP
```

[リスト解説]

・コンストラクタ

　「コンストラクタ AleLeakyLms()」では、「引数」として、フィルタの「次数」、相関除去用の「遅延器」の数のほかに、**式(5)** の「α」、**式(7)** の「β」と**式(9)** の「γ」に対応する値を受け取ります。

　通常は**式(7)** の「β」と**式(9)** の「γ」は同じ値を使っても問題がないことが多いので、この「クラス」では、「β」と「γ」は同じ値を使うようにしています。

　これらの「引数」などを使い、「メンバ・イニシャライザ」の機能を利用して、「データ・メンバ」の設定を行ないます。

・メンバ関数 Execute()

　「学習同定法」では、入力信号の大きさから「ステップ・サイズ・パラメータ」を決めますが、**式(7)** を使って、信号の大きさに比例する量を求めているのが**34行目**で、「ss_」がその量に対応する値です。

　35行目では、「ss_」を使い、**式(8)** を使って、「$\mu[n]$」を求めています。

　「Leaky LMS アルゴリズム」に基づいてフィルタの「係数」を更新する処理には、**38～40行目**が対応します。

●「AleLeakyNLmsクラス」を使う「適応線スペクトル強調器」

　この「AleLeakyNLms クラス」を使った「適応線スペクトル強調器」のプログラムを、リスト5に示します。

リスト5　IODSP_ALE_LeakyNLMS_Class¥main.cpp
「適応線スペクトル強調器(ALE)」用「AleLeakyNLms クラス」の使用例

```
 7: #include "MultirateLiPh.hpp"
 8: #include "AleLeakyNLMS.hpp"          ← 「AleLeakyNLms クラス」が定義されている
 9: #pragma diag_suppress 870   // マルチバイト文字使用の警告抑制のため
10: using namespace Mikami;
11:
12: const int FS_ = 10;          // 入力の標本化周波数： 10 kHz
13: MultirateLiPh myAdÐa_(FS_); // 出力標本化周波数を4倍にするオブジェクト
14: bool aleOn_ = true;
15:                               「α」の値    「β」,「γ」の値
16: AleLeakyNLms ale_(100, 5, 0.1f, 0.998f);    // 適応線スペクトル強調器のオブジェクト
17:
18: void AdcIsr()                「相関」を除去するための「遅延器」の数
19: {                        「ALE」で使う「FIR フィルタ」の「次数」
20:     float xIn = myAdÐa_.Input();    // 入力
21:     float yn = ale_.Execute(xIn);  ←----- 「ALE」の処理を実行
22:
23:     if (!aleOn_) yn = xIn;  ←    「ALE」の有効／無効の切替え
24:     myAdÐa_.Output(yn);            // 出力
25: }
26:
27: int main()
28: {
29:     printf("\r\nLeaky NLMS 法による線スペクトル強調器 (ALE) を実行します\r\n");
30:     printf("'y' で ALE は有効，それ以外で ALE は無効になります\r\n");
31:
32:     myAdÐa_.Start(&AdcIsr);     // 標本化を開始する
33:     while (true)
34:     {
35:         char yesNo = getchar();
36:         putchar(yesNo);
37:         aleOn_ = (yesNo == 'y') ? true : false;  ←    「ALE」の有効／無効を切替
38:     }                                                  えるための処理
39: }
```

　このプログラムは、「ステップ・サイズ・パラメータ」の値を自動的に決めるため、「ターミナル・ソフト」からは、「適応フィルタ」の処理を、実行するかしないかのみをコントロールします。

第10章 「FFT」を利用する「FIRフィルタ」

「FIRフィルタ」については第4章で取り上げましたが、そこで使った計算方法と違ったやり方でも、結果的に同じ処理ができます。

それは「FFT」（高速フーリエ変換、Fast Fourier Transform）を使う方法で、第4章で説明した計算に比べて、計算量が減り、特にフィルタの「次数」が高いほど、計算量を減らす効果は大きくなります。

※「FFT」については、いろいろなところで説明されている[55]ので、この章では、「FFT」そのものの説明や、そのプログラムの説明は省略します。

10.1 「DFT」と「FFT」

最初に、「DFT」と「FFT」について簡単に説明します。

■ 10.1.1 DFT

「DFT」とは「離散的フーリエ変換」（Discrete Fourier Transform）を略したもので、「標本化」で得られる「離散時間信号」の「フーリエ変換」を求める際によく使われます。

「標本化」された信号を「$g[n]$」とし、その「DFT」を「$G[k]$」で表わすものとすると、「$G[k]$」は次のように定義されます。

$$G[k] = \sum_{n=0}^{N-1} g[n] \exp\left(\frac{-j2\pi nk}{N}\right), \ k = 0, 1, \cdots, N-1 \qquad (1)[56]$$

この式で、「j」は虚数単位で、「$j = \sqrt{-1}$」です。

また、ある信号の「DFT」である「$G[k]$」が与えられたときに、元の信号「$g[n]$」は次の式で計算できます。

$$g[n] = \frac{1}{N} \sum_{k=0}^{N-1} G[k] \exp\left(\frac{j2\pi nk}{N}\right), \ n = 0, 1, \cdots, N-1 \qquad (2)$$

この操作は「逆DFT」（inverse DFT、略して「IDFT」）と呼ばれています。

55　たとえば、筆者の執筆した書籍でいちばん新しいものとしては、以下のものがあります。
　　三上直樹：「C#によるデジタル信号処理プログラミング」，第10章，工学社，2011年.
56　「DFT」の定義として、この式が唯一のものという訳ではありません。

　「DFT」を計算する際の計算量は、データ数を「N」とすると、「N^2」に比例するため、データ数が多い場合は、膨大な計算量になるので、これを減らすために考えられたのが、「FFT」のアルゴリズムです。

　「FFT」を使った場合の計算量は、データ数を「N」とすると、「$N \log N$」に比例するため、データ数が多ければ多いほど、「FFT」を使うことの効果が大きくなります。

　「FFT」を使う場合に、データ数「N」は何でもかまわないというわけではなく、通常「FFT」を使う場合は、データ数が「2^K」(K：正の整数)になるときに適用できる「FFT」のアルゴリズムを使うので、この章でも、データ数が「2^K」の「FFT」を使います。

＊

　「FFT」のアルゴリズムにはいろいろありますが、「FFT」を信号処理で使おうとする際に重要なのは、「FFT」のアルゴリズムに基づいて、「FFT」のプログラムを作ることではなく、すでにある「FFT」のプログラムをいかに使うかということが重要です。
　そのため、本書では「FFT」のプログラムの作り方については説明を省略します。

10.2 「FFT」による「FIR」フィルタの実現方法

■ 10.2.1 基本的な方法

　フィルタの入力信号「$x[n]$」、係数「h_m」、出力信号「$y[n]$」の「DFT」を、それぞれ「$X[k]$」「$H[k]$」「$Y[k]$」で表わすものとすると、ある条件 (この条件は後で出てきます)の下で、次の式が成り立ちます。

$$Y[k] = H[k] \cdot X[k] \tag{3}$$

　「$Y[k]$」は「$y[n]$」の「DFT」なので、式(3)の右辺を「逆DFT」すれば、フィルタの出力信号 $y[n]$ が求められます。
　つまり、「逆DFT」を行なう操作を「IDFT{ }」で表わすものとすると、フィルタの出力信号「$y[n]$」は、次のようにして求めることができます。

$$y[n] = \text{IDFT}\{H[k] \cdot X[k]\} \tag{4}$$

　実際には、「DFT」や「逆DFT」の計算には、「FFT」や「逆FFT」の「アルゴリズム」を使います。

＊

　以上で説明した方法は、実は正確なものではなく、**式(4)** で求めた「$y[n]$」は、「循環畳み込み」というものになり、「FIRフィルタ」の出力信号[57]とは一致しません。

　しかし、入力信号「$x[n]$」の個数を「L」、フィルタの係数「h_m」の個数を「M」とし、「$X[k]$」「$H[k]$」を計算する際に「N 点FFT」で計算し、同様に「逆DFT」の計算にも「N 点IFFT」を使うものとしたときに、次の条件を満たせば、ここで説明した方法で求めた「$y[n]$」は、「FIRフィルタ」の出力に一致します。

$$L + M - 1 \leq N \tag{5}$$

　式(5) の条件を満たすようにするには、「FFT」に渡す入力信号や「係数」の後ろに、**図1**に示すような「0」（ゼロ）を詰める「ゼロ詰め」（zero-padding）という操作を行ないます。

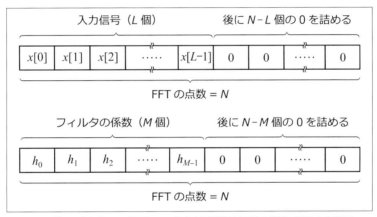

図1　「FFT」を使って「FIRフィルタ」を計算する際の「ゼロ詰め」の様子

　このように、入力信号「$x[n]$」の後には「$N-L$ 個」の「0」を追加し、フィルタの係数「h_m」の後には「$N-M$ 個」の0を追加してから「FFT」を行ないます。

＊

　以上のことを図にまとめると、「FFT」を利用して「FIRフィルタ」の計算を行なうには、**図2**のように処理を行なえばいいことになります。

57　「FIRフィルタ」で行なっている演算は、「畳み込み」という演算で、「循環畳み込み」と区別するため、「直線畳み込み」と呼ばれる場合もあります。

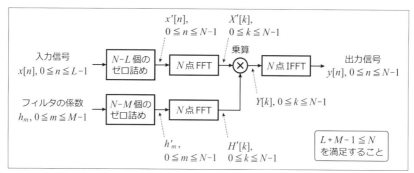

図2　「FFT」を利用して「FIR」フィルタ処理を行なう方法（入力信号をブロックに分割しない場合）

■ 10.2.2　信号の長さが決まっていない場合

　現実の信号に対して「リアルタイム」で「FIRフィルタ」の処理を行なう場合、通常は信号の長さが決まっていません。

　このような場合には、前の項で説明した方法をそのまま使うことはできませんが、信号を適切にブロックに分割すれば、**10.2.1**で説明した方法が適用できます。

　ブロックに分割する方法として、「**重複加算法**」（overlap-add method）と「**重複保持法**」（overlap-save method）という２つの方法が知られています[58]。

　本書では、プログラムを作りやすいことから、「重複保持法」について説明し、これに基づいてプログラムを作ります。

＊

　「重複保持法」では、フィルタの「係数」に対しては、あらかじめ**図1**に示す「ゼロ詰め」を行なった後に、その「DFT」を「FFT」で求めておきます。

　入力信号は、ブロックに分割してその「DFT」を「FFT」で求めますが、その際に「重複保持法」では、入力信号の個数と使用する「FFT」の点数を等しくするので、ここでは「ゼロ詰め」は行ないません。

　そのため、**式(5)** の条件は満足されないので、**式(4)** を使って得ることができる「 $y[n]$ 」は、「循環畳み込み」を行なった結果になります。

＊

　しかし、このようにして求めた「 $y[n]$ 」の全体が、入力信号「 $x[n]$ 」と係数「 h_m 」の「循環畳み込み」というわけではなく、「 $y[n]$ 」の先頭の「 $M-1$ 個」の信号を取り除いた、残りの「 $N-M+1$ 個」の信号は、通常の「FIRフィルタ」の処理を行なった結果に一致します。

　そのため、この方法では、出力信号の先頭の「 $M-1$ 個」の信号を取り除くため、入力信号を使う場合は、隣り合ったブロック間で、「 $M-1$ 個」の信号を重複するように取り出していくので、「重複保持法」という名前が付いています。

＊

58　佐川雅彦，貴家仁志："高速フーリエ変換とその応用"，第5章，昭晃堂（1993）

なお、最初のブロックだけは、その1つ前のブロックの信号は存在しないので、先頭に「$M-1$個」の「0」(零値)を追加したものを「$x'[n]$」とすると、「$x'[n]$」とブロックに分割したときの第mブロックの信号「$x_m[n]$」の関係は、次のように表わせます。

$$x_m[n] = \begin{cases} x'[n+m(N-M+1)], & 0 \leqq n \leqq N-1 \\ 0, & \text{それ以外} \end{cases} \qquad (6)$$

＊

以上で説明した「重複保持法」で行なう、入力信号をブロックに分割する様子を図3に示します。

この図で、「$x_0[n]$」「$x_1[n]$」「$x_2[n]$」はブロックに分割された信号で、各ブロックの時間の原点は「$n=0$」という具合に示しています。

このように、第mブロックの後の$M-1$個の信号と、その次の第「$m+1$ブロック」の先頭の「$M-1$個」の信号が重複するようにブロックを設定して、そこから計算に使うN個の入力信号を取り出していきます。

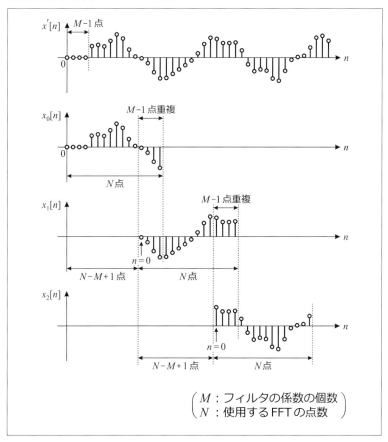

図3 「重複保持法」で入力信号を分割する様子

「FIRフィルタ」の処理結果を出力する際は、**図4**に示すように、ブロックごとに行

なった「畳み込み」の計算で得られた信号から、先頭の「$M-1$個」の信号(図4で、淡色で示している信号)を捨てながら、いちばん下のような1つの信号に合成していきます。

この操作によって、元の信号「$x[n]$」に対して「直線畳み込み」を行なった結果、つまりフィルタの出力信号「$y[n]$」が得られます。

この図で、各ブロックの時間の原点は「$n=0$」という具合に示しています。

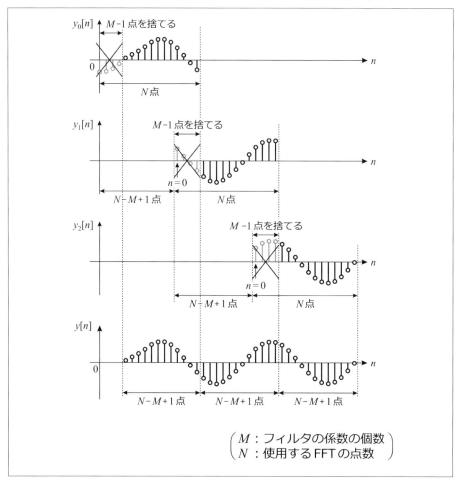

図4 「重複保持法」で出力信号を得るための処理の様子

図4で、「FFT」を使って計算した「第mブロック」の出力信号から先頭の「$M-1$個」の信号を除いた信号を「$y_m[n]$」とすると、出力信号「$y[n]$」は次のように表されます。

$$y[n] = \sum_{m=0}^{\infty} y_m[n - m(M - N + 1)], \quad n = 0, 1, \cdots \tag{7}$$

この**式(7)**で注目してほしい点は、総和をとる範囲の上限が「∞」になっているということです。

つまり、「重複保持法」では、信号の数はいくらでも大きくできるので、「リアルタイム処理」のように、信号がいつ終わるかが分からない場合でも、「FFT」を使った「FIRフィルタ」の処理が可能になります。

10.3　「FFT」を利用する「重複保持法」による「FIR」フィルタのプログラム

「重複保持法」を使った「FIRフィルタ」のプログラムでは「FFT」も使いますが、これはすでに筆者が作成し、「Mbed」に登録している「クラス・ライブラリ」を使うので、その「ソース・リスト」の説明は省略します。

＊

「重複保持法」を使った「FIRフィルタ」のために、新たに作った「クラス」は次の2つです。

①ConvolverFft：「FFT」を利用して「フィルタ処理」を行なうための「クラス」
②OverlapSaving：「ConvolverFftクラス」を使って「重複保持法」を行なうための「クラス」

■ 10.3.1　「FftRealクラス」

この「クラス」は、すでに筆者が作成し、「Mbed」に「UIT_FFT_Real」というライブラリ名で登録しており、「Mbed」のサイトから「インポート」して使えます。

この「FftRealクラス」は、以下の2つの「メンバ関数」をもっています。

Execute()	データが実数の場合に、その「FFT」を実行する
ExecuteIfft()	「メンバ関数Execute()」で計算された「DFT」の結果の「逆FFT」を実行する

この「クラス」で行なっている処理について、簡単に説明します。

＊

データが「実数」の場合は、**式(1)** で計算される「$G[k]$」について、「G」の「複素共役」を「G^*」で表わすものとすると、次のような性質があります。

$$G[k] = G^*[N-k], \quad k = 1, 2, \cdots, (N/2) - 1 \tag{8}$$

式(8) の性質を使うと、「$k = (N/2) + 1, (N/2) + 2 \cdots, N - 1$」に対する「$G[k]$」は簡単に求めることができるため、「FftRealクラス」の「メンバ関数Execute()」では、「$k = 0, 1, 2, \cdots, N/2$」に対する「$G[k]$」だけを求めます。

「メンバ関数Execute()」で得られた結果は、「実部」と「虚部」が「float型」の「複素数型」になります。

＊

　一方、「FftRealクラス」の「メンバ関数ExecuteIfft()」は、「$k = 0, 1, 2, \cdots, N/2$」に対する「$G[k]$」だけから、**式(2)**の「$g[n]$」（$n = 0, 1, 2, \cdots, N-1$）を求めます。

　「メンバ関数ExecuteIfft()」で得られた結果は、「float型」になります。

＊

　このプログラムで使っている「複素数型」は「標準テンプレート・ライブラリ（standard template library，STL）」で定義されている「templateクラス」の「complex」を使っており、その「実部」および「虚部」の「型」は、宣言する際に指定できます。

　しかし、宣言するたびに「型」の指定を行なうのは煩わしいので、「FftRealクラス」の中では、次のような「typedef文」を書いています。

```
typedef complex<float> Complex;
```

　これによって、「complex<float>」と書く代わりに「Complex」と書けるようにしています。

■ 10.3.2　ConvolverFftクラス

　「FFT」を利用して「FIRフィルタ」の処理を行なうための「ConvolverFftクラス」のプログラムを**リスト1**に示します。

リスト1　IODSP_FFT_FirFilter¥ConvolverFFT.hpp
「FFT」を利用して「FIRフィルタ」の処理を行なうための「ConvolverFftクラス」

```
 7: #include "fftReal.hpp"
 8: using Mikami::Array;
 9: using Mikami::FftReal;
10: using Mikami::Complex;
11:
12: #ifndef CONVOLVER_FFT_HPP
13: #define CONVOLVER_FFT_HPP
14:
15: class ConvolverFft
16: {                              「FIRフィルタ」の「係数」の個数
17: public:
18:     // コンストラクタ      「FFT」の点数      「FIRフィルタ」の「係数」
19:     ConvolverFft(int nCoefs, int nFFT, const float hm[])
20:             : myFft_(nFFT), hkÐft_(nFFT/2+1), vk_(nFFT/2+1),
21:               N_FFT_2_(nFFT/2)
22:     {
23:         // フィルタ係数の ÐFT を FFT で計算
24:         Array<float> hmZP(nFFT);                    「ゼロ詰め」の処理
25:         for (int n=0; n<nCoefs; n++) hmZP[n] = hm[n];
26:         for (int n=nCoefs; n<nFFT; n++) hmZP[n] = 0.0f; // 後に 0 詰め
27:         myFft_.Execute(hmZP, hkÐft_);
28:     }
29:
30:     virtual ~ConvolverFft() {}
31:
32:     // FFT を利用する畳み込み    入力      出力
33:     void Execute(const float xn[], float yn[])
34:     {
35:         myFft_.Execute(xn, vk_); ◄------------ 入力信号の「FFT」を実行
36:
```

```
37:        for (int k=0; k<=N_FFT_2_; k++)
38:            vk_[k] = vk_[k]*hkÐft_[k];
39:
40:        myFft_.ExecuteIfft(vk_, yn);
41:    }
42:
43: private:
44:    FftReal myFft_;          // FFT 用オブジェクト
45:    Array<Complex> hkÐft_;   // 係数の ÐFT 格納用
46:    Array<Complex> vk_;      // 畳み込みの作業領域
47:    const int N_FFT_2_;      // FFTの点数の 1/2
48:
49:    // コピー・コンストラクタ，代入演算子の禁止のため
50:    ConvolverFft(const ConvolverFft&);
51:    ConvolverFft& operator=(const ConvolverFft&);
52: };
53: #endif  // CONVOLVER_FFT_HPP
```

（40行目の注釈）フィルタの「係数」の「DFT」と入力信号の「DFT」との「積」の「逆FFT」を実行

（44行目の注釈）筆者が作成し、「Mbed」に登録している「FFT」用の「クラス」

　この「クラス」には、与えられたフィルタの「係数」の「DFT」をあらかじめ計算しておく機能と、入力信号の「DFT」と「係数」の「DFT」の「積」を求め、その「逆DFT」を「逆FFT」を使って求める機能があります。

[リスト解説]

・コンストラクタ

　「コンストラクタ」では、定数やオブジェクトの初期化のほかに、「引数」として与えられたフィルタの「係数」に対して「ゼロ詰め」を行ない、その「DFT」を、「FFT」を使って計算しておきます。

　26行目が「ゼロ詰め」の処理になります。
　計算された「係数」の「DFT」は、「Complex型」の配列である「hkDft_」に格納されます。

・メンバ関数 Execute()

　この「メンバ関数」は、「引数」で与えられた入力信号に対して、その「DFT」を、「FFT」を使って求め[59]、その結果と、「コンストラクタ」で計算してある「係数」の「DFT」との「積」を求めます。

　次に、その「積」の「逆DFT」を「逆FFT」を使って求めることで、フィルタの出力信号を求めています。

■ 10.3.3　OverlapSaving クラス

　「ConvolverFft クラス」を使い、信号の長さが決まっていない場合に、「FFT」を利用して「FIR フィルタ」の処理を、「重複保持法」を使って行なうためのプログラムをリスト2に示します。

　59この「クラス」は「重複保持法」で使うことを前提にしているので、この「メンバ関数 Execute()」では入力信号の「xn[]」に対しては「ゼロ詰め」を行なっていません。

リスト2 IODSP_FFT_FirFilter¥OverlapSaving.hpp
「FFT」を利用して「FIRフィルタ」の処理を行なうための「OverlapSavingクラス」

```
 7: #include "ConvolverFFT.hpp"
 8:
 9: #ifndef OVERLAP_SAVING_HPP
10: #define OVERLAP_SAVING_HPP
11:
12: class OverlapSaving
13: {
14: public:
15:     // コンストラクタ
16:     //      nCoefs  FIR フィルタの係数の数
17:     //      nFFT    使う FFT の点数
18:     //      hm      FIR フィルタの係数
19:     OverlapSaving(int nCoefs, int nFFT, const float hm[])
20:         : cnvlv_(nCoefs, nFFT, hm),
21:           inBuf_(nFFT, 0.0f), outBuf_(nFFT-nCoefs+1, 0.0f), tmp_(nFFT),
22:           N_COEFS_(nCoefs), N_FFT_(nFFT), N21P_(nFFT-nCoefs+1),
23:           N21_(N21P_-1), count_(0), ok_(false) {}
24:
25:     // 1 ブロック分の直線畳み込みの実行
26:     void Execute()
27:     {
28:         if (!ok_) return;  ◄──── 入力バッファに必要な数のデータが準備
                                     できるまではフィルタの処理は行わない
29:
30:         count_ = 0;
31:         // 前のブロックのフィルタ処理結果を出力バッファ (outBuf_) へ転送
32:         for (int n=0; n<N21P_; n++) outBuf_[n] = tmp_[n+N_COEFS_-1];  ◄-------- 図5 (a) の処理
33:         // 入力信号を作業領域 (tmp_) へ転送
34:         for (int n=0; n<N_FFT_; n++) tmp_[n] = inBuf_[n];  ◄----------------- 図5 (b) の処理
35:         // 次のブロックの処理のため，重複部分を入力バッファ (inBuf_) へ転送
36:         for (int n=0; n<N_COEFS_-1; n++) inBuf_[n] = inBuf_[n+N21P_];  ◄------- 図5 (c) の処理
37:
38:         cnvlv_.Execute(tmp_, tmp_);        // FFT による畳み込み
39:         ok_ = false;  ◄------- この「メンバ関数」のフィルタの処理を禁止する
40:     }
41:
42:     // 入力バッファへ格納と出力バッファから取り出し
43:     float PutGet(float x)
44:     {
45:         inBuf_[count_+N_COEFS_-1] = x;
46:         if (count_ >= N21_) ok_ = true;  ◄------- 入力バッファに必要な数のデータが準備
                                                    できていればフィルタの処理を許可する
47:         return outBuf_[count_++];
48:     }
49:
50: private:
51:     ConvolverFft cnvlv_;      // 畳み込みのためのオブジェクト
52:     Array<float> inBuf_;      // 入力バッファ
53:     Array<float> outBuf_;     // 出力バッファ
54:     Array<float> tmp_;        // 作業領域
55:     const int N_COEFS_;       // フィルタの係数の数
56:     const int N_FFT_;         // FFT の点数
57:     const int N21P_;          // N_FFT_ - N_COEFS_ + 1
58:     const int N21_;           // N_FFT_ - N_COEFS_
59:     int count_;
60:     bool ok_;                 // 実行許可
61:
62:     // コピー・コンストラクタ，代入演算子の禁止のため
63:     OverlapSaving(const OverlapSaving&);
64:     OverlapSaving& operator=(const OverlapSaving&);
65: };
66: #endif  // OVERLAP_SAVING_HPP
```

[リスト解説]

・コンストラクタ

「コンストラクタ」では、「メンバ・イニシャライザ」の機能を使って、「ConvolverFft クラス」の「オブジェクト」、使用する「配列」、および定数の「初期化」を行なっているので、実行文はありません。

・メンバ関数 Execute()

最初に、**28行目**で、入力バッファに必要な数の信号が準備できているかどうかを調べ、準備できていなければ以下の処理は行ないません。

入力バッファに必要な数の信号が準備できていれば、**図5**に示すような信号の転送を行ないます。

その後、**38行目**で、「ConvolverFft クラス」の「オブジェクト cnvlv_」により、「FFT」を利用して「フィルタ処理」を行ないます。

最後に、**39行目**で、この「メンバ関数」のフィルタ処理を禁止するため、「データ・メンバ ok_」を「false」に設定します。

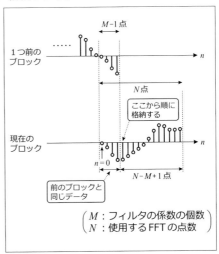

（a）　前のブロックのフィルタ処理の結果を出力用バッファ（outBuf_）へ転送

（b）　入力バッファ（inBuf_）の信号をフィルタ処理のバッファ（tmp_）へ転送

（c）　次のブロックの処理のため，入力バッファ（inBuf_）の重複する部分を先頭から順に転送

$\left(\begin{array}{l}M：フィルタの係数の個数 \\ N：使用するFFTの点数\end{array}\right)$

図5　「OverlapSaving クラス」の「メンバ関数 Execute()」の内部で行なわれる信号の転送の様子

・メンバ関数 PutGet()

この「メンバ関数」は、まず**45行目**で、「AD変換器」から読み込んだ、「引数 x」で与えられる信号を、「入力バッファ inBuf_」に格納します。

このとき、**図5(c)** に示すように、入力バッファの前の部分には、前のブロックの信号と重複して用いる部分の信号がすでに格納されているので、その部分の次から格納していきます。

つまり、**図6**に示すように、n番目の入力信号が、入力バッファの「$n+M-1$」（M：フィルタの係数の個数）番目に格納されます。

図6　「重複保持法」で入力信号を入力バッファに格納する様子

次に、**46行目**で入力バッファに必要な数の信号が準備できているかどうかを調べ、準備できていれば、「データ・メンバok_」を「true」に設定し、「メンバ関数Execute()」の中で、フィルタの処理を実行することを許可します。

最後に、「出力バッファoutBuf_」から信号を取り出し、「戻り値」にします。

■ 10.3.4 全体のプログラム

以上で説明した「クラス」を使って、「FIRフィルタ」を実行するプログラムを作ります。

プログラム全体が入っている「フォルダ」(IODSP_FFT_FirFilter)の様子を**図7**に示します。

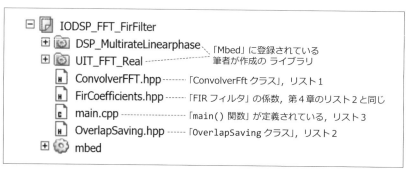

図7 「FFT」を利用する「FIRフィルタ」のプログラム「IODSP_FFT_FirFilter」の「ファイル」構成

リスト3に、「FFT」を利用して「FIRフィルタ」の処理を行なうプログラムが書かれている「main.cpp」の内容を示します。

リスト3 IODSP_FFT_FirFilter¥main.cpp
「FFT」を利用して「FIRフィルタ」の処理を行なうプログラム

```
 7: #include "MultirateLiPh.hpp"
 8: #include "OverlapSaving.hpp"
 9: #include "FirCoefficients.hpp"    ← 第4章で作った「FIRフィルタ」で使った
                                        「係数」と同じものが入っている
10: #pragma diag_suppress 870     // マルチバイト文字使用の警告抑制のため
11: using namespace Mikami;
12:
13: const int FS_ = 10;            // 入力の標本化周波数： 10 kHz
14: MultirateLiPh myAdDa_(FS_);    // 出力標本化周波数を4倍にするオブジェクト
15:
16: // FFT を利用する FIR フィルタのオブジェクト，FFT: 256 点
17: OverlapSaving firFft_(ORDER_+1, 256, HK_);
18:                        └ 「重複保持法」のための「クラス」
19: void AdcIsr()
20: {
21:     float xn = myAdDa_.Input(); // 入力
22:
23:     // フィルタの入力バッファへ格納と出力バッファから取り出し
24:     float yn = firFft_.PutGet(xn);
25:
26:     myAdDa_.Output(yn);         // 出力
```

```
27: }
28:
29: int main()
30: {
31:     printf("\r\nFFT を利用する FIR フィルタ\r\n");
32:
33:     myAdDa_.Start(&AdcIsr);      // 標本化を開始する
34:     while (true) firFft_.Execute();
35: }
```

この中で、入力バッファに必要な数のデータが
準備できたかどうかを調べ、準備ができていれ
ば「重複保持法」でフィルタの計算を行う

[リスト解説]

　9行目のインクルード・ファイル「FirCoefficients.hpp」は、第4章で作った「FIRフィルタ」で使った「フィルタ係数」と同じものです。

　17行目では、「重複保持法」のための「OverlapSavingクラス」の「オブジェクトfirFft_」の宣言を行なっており、この中で使う「FFT」の点数は、「256」に設定しています。
　また、この中で使う、フィルタの「係数」の「次数」である「ORDER_」と「係数HK_」は9行目のインクルード・ファイル「FirCoefficients.hpp」の中で、定義されています。

　19～27行目の「AdcIsr()」は「割り込みハンドラ」で、「アナログ信号」の入出力の処理、および「OverlapSavingクラス」の「オブジェクトfirFft_」内のバッファとのやり取りを行なっています。

　34行目の「while文」では、「OverlapSavingクラス」の「メンバ関数Execute()」が呼ばれており、この中では、常に入力バッファに必要な数の信号が準備できたかどうかを調べています。
　入力バッファの準備ができていれば、「重複保持法」を使って、フィルタの計算を行なっています。

※実行結果は，第4章の「FIRフィルタ」の場合とまったく同じなので，省略します。

索　引

[著者略歴]

三上　直樹（みかみ・なおき）

1977 年	北海道大学大学院修士課程修了
1977 ～ 1987 年	北海道大学工学部応用物理学科助手
1987 年	工学博士
1987 ～ 2017 年	職業能力開発総合大学校（旧職業訓練大学校） 情報工学科等 講師，助教授，教授
現在	職業能力開発総合大学校名誉教授

[専門]

音声信号処理、ディジタル信号処理、DSP 応用など。

[主な著書]

「ディジタル信号処理入門」、CQ 出版社、1989 年
「アルゴリズム教科書」、CQ 出版社、1996 年
「はじめて学ぶディジタル・フィルタと高速フーリエ変換」、CQ 出版社、2005 年
「改訂新版 C/C++ によるディジタル信号処理入門」、CQ 出版社、2009 年
「C# によるデジタル信号処理プログラミング」、工学社、2011 年
「C# による Windows フォーム プログラミング」、工学社、2012 年
「Mbed を使った電子工作プログラミング」、工学社、2020 年

質問に関して

本書の内容に関するご質問は、

① 返信用の切手を同封した手紙
② 往復はがき
③ FAX(03)5269-6031
　（ご自宅の FAX 番号を明記してください）
④ E-mail　editors@kohgakusha.co.jp

のいずれかで、工学社編集部あてにお願いします。
なお、電話によるお問い合わせはご遠慮ください。

サポートページは下記にあります。

[工学社サイト]
http://www.kohgakusha.co.jp/

I/O BOOKS

「Arm マイコン」プログラムで学ぶデジタル信号処理

2021 年 2 月 25 日　初版発行　ⓒ 2021

著　者　　三上　直樹
発行人　　星　正明
発行所　　株式会社 **工学社**
〒 160-0004 東京都新宿区四谷 4-28-20 2F
電話　　（03）5269-2041（代）［営業］
　　　　（03）5269-6041（代）［編集］
振替口座　00150-6-22510

※定価はカバーに表示してあります。

[印刷] シナノ印刷 (株)

ISBN978-4-7775-2133-3